Eine Zusammenstellung des Inhaltes der Hefte 1 bis 190 der Forschungsarbeiten zugleich mit einem Namen- und Sachverzeichnis wird auf Wunsch kostenfrei von der Redaktion der Zeitschrift des Vereines deutscher Ingenieure, Berlin N.W. 7, Sommerstr. 4a, abgegeben.

Lehrer und Schüler technischer Schulen erhalten die Hefte zur Hälfte des angegebenen Preises, desgl. die Mitglieder des Vereines deutscher Ingenieure von Heft 203 an, sofern sie Bestellung und Zahlung an den Verein deutscher Ingenieure, Berlin N.W. 7, Sommerstr. 4a, richten.

Heft 191 und 192: **Poensgen**, Ueber die Wärmeübertragung von strömendem überhitztem Wasserdampf an Rohrwandungen und von Heizgasen an Wasserdampf. Preis 2 ℳ.

Heft 193 und 194: **Schlesinger**, Die Passungen im Maschinenbau. Preis 2 ℳ.

Heft 195: **Knoblauch und Winkhaus**, Die spezifische Wärme c_p des überhitzten Wasserdampfes für Drücke von 8 bis 20 at und von Sättigungstemperatur bis 380° C.
Keller, Beanspruchung eines Lokomotivzylinderdeckels mit über die Dichtfläche frei hinausragendem Schraubenflansch. Preis 1 ℳ.

Heft 196 bis 198: **Friederich**, Versuche über die Größe der wirksamen Kraft zwischen Treibriemen und Scheibe. Preis 3 ℳ.

Heft 199: **Estorff**, Beiträge zur Kenntnis der Kugelfunkenstrecke. Preis 1 ℳ.

Heft 200 und 201: **Engels**, Mitteilungen aus dem Dresdener Flußbau-Laboratorium. Preis 2 ℳ.

Heft 202: **Diegel**, Verhütung des raschen Zerfressens von Verzinkungspfannen.
Jakob, Thermodynamische Drosselgleichung und Zustandsgleichung der Luft von weitem Gültigkeitsbereich. Preis 1 ℳ.

Heft 203: **Weißhaar**, Untersuchungen über den Verlauf der Verbrennung im Dieselmotor. Preis 5 ℳ.

Heft 204: **Wüst, Meuthen und Durrer**, Die Temperatur-Wärmeinhaltskurven der technisch wichtigen Metalle. Preis 6 ℳ.

Heft 205: **Feifel**, Ueber die veränderliche, nicht stationäre Strömung in offenen Gerinnen, insbesondere über Schwingungen in Turbinen-Triebkanälen. Preis 6 ℳ.

Für die in diesem **Heft 206** bearbeiteten Fragen kommt auch **Heft 193/94**, Schlesinger, die Passungen im Maschinenbau, s. oben, in Betracht.

Außerdem können hierüber noch **Sonderabzüge** folgender Aufsätze aus der Zeitschrift des Vereines deutscher Ingenieure bezogen werden:

Jahrg.	Verfasser und Gegenstand	Preis für die Mitglieder des V. d. I.	für sonstige Bezieher
1908	Spånberg, A.: Universal-Normalmaße mit abgestufter Toleranz	0,20 ℳ	0,40 ℳ
1914	Bockermann, H.: Die Material- und Maßkontrollen in der Kugel- und Kugellagerfabrik der Deutschen Waffen- und Munitionsfabriken zu Berlin	0,40 „	0,80 „
1917	Herre, O.: Beobachten und Messen	0,70 „	1,40 „

FORSCHUNGSARBEITEN
AUF DEM GEBIETE DES INGENIEURWESENS
HERAUSGEGEBEN VOM VEREIN DEUTSCHER INGENIEURE
Schriftleitung: D. Meyer und M. Seyffert

Heft 206

Toleranzen

von

W. KÜHN

1918

SPRINGER-VERLAG BERLIN HEIDELBERG GMBH

ISBN 978-3-662-01728-9   ISBN 978-3-662-02023-4 (eBook)
DOI 10.1007/978-3-662-02023-4

Toleranzen und deren Eintragung in Zeichnungen sowie andere konstruktive und zeichnerische Vorbereitungen der Massenfabrikation von austauschbaren Teilen.

Von Ingenieur **W. Kühn,** Direktor der Frankfurter Maschinenbau-Akt.-Ges.

Die Wirtschaftlichkeit erfordert es, daß wir uns nach dem Kriege noch weit mehr der Massenfabrikation zuwenden, als dies vor dem Kriege der Fall war. Alles muß mehr spezialisiert werden, um bei geringstem Aufwand die größtmögliche Leistung zu erzielen. Es muß in möglichst großem Umfange nach normalen Teilen gegriffen werden, welche auf Sondermaschinen oder in Sonderabteilungen der einzelnen Werke oder sogar in Sonderwerken in großen Mengen, d. h. möglichst ununterbrochen tagaus tagein hergestellt werden. Nur durch eine derartige Sonderung und Unterteilung ist es möglich, diese Teile in kürzester Zeit billig und infolge der reichen Erfahrungen, die bei der dauernden Herstellung gemacht werden und die zu Verbesserungen in den Fabrikationsverfahren führen, auch gut, ja sogar besser herzustellen, als dies vielfach bei der Einzelherstellung überhaupt möglich ist. Um diese Spezialisierung und Normalisierung in dem gewünschten Maße und mit dem nötigen Erfolge durchzuführen, ist es unbedingt erforderlich, daß die von den einzelnen Werken hergestellten Teile ohne weiteres zu einander passen, d. h. ohne jegliche Nacharbeit sofort verwendet werden können, und zwar beliebig durcheinander, also daß sie auswechselbar zueinander sind; außerdem müssen die Arbeitsteile konstruktiv so durchgebildet werden, daß sie sich maschinell nicht nur herstellen, sondern auch fertigstellen lassen, da jede Handarbeit die Arbeit verteuert und den Teilen die Genauigkeit nimmt, denn diese ist bei der Handarbeit ganz von der Geschicklichkeit der Arbeiter abhängig. Die Handarbeit muß auf das geringstmögliche Maß beschränkt bleiben.

Teile, die gegeneinander austauschbar sein sollen, müssen in ihren Abmessungen mit einer bestimmten Genauigkeit, d h. innerhalb ganz bestimmter Maßgrenzen hergestellt sein, welche so gewählt sind, daß sich sowohl unter Benutzung des kleinsten als auch des größten Teiles mit dem Gegenstück die gewünschte Verbindung erzielen läßt und mit diesem die gewünschte Passung entsteht.

Ueber die Herstellungsgrenzen für die verschiedenen Passungen (hauptsächlich Preß-, Paß- und Laufsitz) wurden von verschiedenen Seiten, besonders vor etwa 15 Jahren bei der Firma Ludwig Loewe, Berlin, unter Leitung des derzeitigen Professors, Hrn. Dr.-Ing. Schlesinger, eingehende Versuche angestellt, die zu der Festlegung einer Reihe von Passungswerten führten, auf Grund deren ein sogenanntes »Einbohrungs-System« und ein »Einwellen-System« aufgebaut wurde. Das Einbohrungs-System geht davon aus, daß die Bohrung für alle Passungen stets gleich ausgeführt wird, während der Zapfen oder die Welle je nach der Sitzart einen entsprechend kleineren oder größeren Durchmesser erhält; beim Einwellen-System wird für die Welle stets der gleiche Durchmesser beibehalten. Die Grenzen oder Toleranzen wurden bei Normalbohrung und Normalwelle so gewählt, daß sie zu beiden Seiten der O-Linie, also unterhalb − und oberhalb +, ungefähr gleichmäßig verteilt waren.

Etwa zu der gleichen Zeit wurde ich durch eine Sonderfabrikation (Preßluftwerkzeuge), die mir unterstellt war und bei der eine vollständige Austauschbarkeit unbedingt erforderlich war, gezwungen, Grenzmaße einzuführen. Da Passungen, wie sie für den Maschinenbau brauchbar waren, sich für Teile von Preßluftwerkzeugen nicht eigneten und ich mich auf bestimmte volle Millimeter nicht festlegen konnte, Toleranzen für Durchmesser und Längenmaße in Betracht kamen, und auch die meisten Toleranzen erst ausprobiert werden mußten, außerdem Konstruktionsänderungen noch zu erwarten waren, trotzdem aber jederzeit, auch noch nach Jahren, die Möglichkeit bestehen sollte, passende Ersatzteile herzustellen, so blieb nichts anderes übrig, als die Grenzmaße ziffernmäßig in die Zeichnungen einzutragen, die Teile hiernach zunächst unter Zuhilfenahme von Universalmeßwerkzeugen (Mikrometern) herzustellen und erst, wenn sich die Abmessungen als gut bewährt hatten, hierfür Grenzlehren anzufertigen.

Das ziffernmäßige Einschreiben der Grenzen erforderte ein systematisches Vorgehen, auch mußte die Bohrung in verhältnismäßig einfacher Weise gemessen werden können. Es wurde die Einheitsbohrung, und zwar die untere Grenze der Bohrung als Ausgangspunkt für den Aufbau des Systems gewählt.

Das System hat sich seit nahezu 15 Jahren bestens bewährt; es hat sich im Laufe der Zeit in den einzelnen Feinheiten weiter ausgebildet und wurde auch bereits vor mehreren Jahren auf den größeren Maschinenbau übertragen. Es erfordert keine sofortige Anschaffung von umfangreichen Lehrensätzen, auch brauchen bei Konstruktionsänderungen keine älteren Sonderlehren aufgehoben zu werden, sondern sie können umgearbeitet werden, da in den Zeichnungen die Grenzen festgelegt sind. Es ist übersichtlich und durchsichtig wie kein anderes und hat keine Nachteile gegenüber irgend einem anderen System. Die Grenzen können in übersichtlicher Art ziffernmäßig in die Zeichnung geschrieben werden, es läßt sich jedoch auch die Passungsart durch Zeichen oder Buchstaben kennzeichnen.

Bei der Wahl eines allgemein gültigen Systems kommt es nicht ausschließlich darauf an, welches System zurzeit am meisten gebraucht wird, sondern wieviel Firmen nicht nach einem einheitlichen Toleranzsystem arbeiten, und in welchem Verhältnis diese zu denen stehen, die schon nach einem einheitlichen System arbeiten. Ein sehr geringer Teil arbeitet erst nach einem einheitlichen System, und dieses System ist zurzeit sowieso Aenderungen und Verschiebungen nach verschiedenen Richtungen unterworfen; die meisten Firmen arbeiten heute noch nach Normallehren. Es sind also die Fragen zu stellen: »Welches System ist das vorteilhafteste?« und: »Welches System paßt sich den Arbeiten nach Normallehren am besten an?«

Zur allgemeinen Einführung kann außerdem nur ein System kommen, welches der allgemeinen Verständlichkeit halber übersichtlich und ziffernmäßig gebraucht werden kann, für Durchmesser und Längenmaße gleich gut geeignet ist und die Wahl jedes beliebigen Grundmaßes zuläßt, außerdem die Möglichkeit zur

Ausbildung für jeden beliebigen Industriezweig bietet. Das von mir seinerzeit gewählte und weiter ausgebildete System ist nach jeder Hinsicht frei beweglich und entspricht diesen Bedingungen voll und ganz, es soll daher nachfolgend beschrieben werden. Um die Wahl einzelner Wege näher zu begründen, gebe ich den Entwicklungsgang möglichst genau an, auch werde ich einige Punkte streifen, die mit den Toleranzen selbst wenig oder garnichts zu tun haben, aber für die Entwicklung der Technik besonders für jüngere Techniker von Wert sind, und weil sich an anderen Stellen selten Gelegenheit findet, auf solche aufmerksam zu machen.

Grundlagen des 0-Liniensystems.

Die Grundlage dieses Toleranzsystems besteht, wie bereits erwähnt, darin, daß die »Einheitsbohrung« als Hauptsystem gewählt wurde und die untere Grenze der Bohrung als Ausgangspunkt für die Eintragung der Maße und Toleranzen dient; alles, was über dieser Grenze liegt, wird mit +, alles was darunter liegt mit — gekennzeichnet.

Durch diese einfache Maßnahme ergibt sich alles andere eigentlich von selbst. Eine einzupressende Welle, welche stets stärker ist als die Bohrung, erhält eine +-Toleranz, eine laufende Welle eine —-Toleranz; überhaupt ergibt sich aus dieser Maßnahme, daß alle Wellen mit +-Toleranzen feste Sitze und alle Wellen mit —-Toleranzen bewegliche Sitze (Gleit- und Laufsitze) haben. Die verschiedenen Sitzarten werden durch die untere Grenze der Bohrung an der Uebergangstelle vom beweglichen zum festen Sitz in zwei Hauptgruppen zerlegt, die durch die Vorzeichen + und — voneinander unterschieden sind.

Eine normale Bohrung wird stets mit einer +-Toleranz versehen. Im übrigen gilt die Regel, daß stets bei zwei zusammengehörenden Teilen die Maße als Grundmaße eingeschrieben werden, die einander am nächsten liegen, so daß durch die Toleranzen das Spiel oder die Pressung vergrößert wird; dies ist bei Längenmaßen ohne Ausnahme der Fall, bei Durchmessern mit der Einschränkung, daß, wie bereits angegeben, die »normale Bohrung« stets mit einer +-Toleranz und die abnormalen Bohrungen, die später noch näher behandelt werden, mit einer —-Toleranz versehen werden.

Z. B. eine Eindrehung in einer Welle oder einer Lagerung, in die ein Bund laufend hineingehen soll, ist stets mit einem + zu versehen, während der Bund selbst ein — erhält. Ein Zapfen, der an seinem Stirnende begrenzt sein soll, erhält ein +, soll er an seinem Bund anliegen, ein —. Die dazu gehörenden Bohrungen erhalten für die Grenzmaße die entgegengesetzten Vorzeichen.

Nach Möglichkeit ist die 0-Linie (das volle mm) als untere Grenze der Bohrung anzunehmen, da hierdurch die Schreibweise vereinfacht und die Uebersichtlichkeit besser wird, auch entsteht hierdurch für die Werkstätte eine Erleichterung.

Bei der Wahl der 0-Linie als unterer Grenze der Bohrung stimmen die nach diesem Toleranzsystem hergestellten Teile am besten mit den Teilen überein, die nach Normalkalibern hergestellt sind. Das Arbeiten nach Normalkalibern ist heute noch entschieden das weitaus gebräuchlichste, es entstehen daher bei Einführung des vorbeschriebenen Systems die geringsten Schwierigkeiten hinsichtlich der Auswechselbarkeit von alten und neuen Teilen.

Solange noch keine Toleranzlehren vorhanden sind, kann das Normalkaliber als untere Grenze für die Bohrung benutzt, und die Außendurchmesser können mit dem Mikrometer gemessen werden. Bei Toleranzen für Sonderfälle brauchen daher Toleranzlehren erst angefertigt zu werden, wenn sich die gewählte Toleranz in mehreren Ausführungen bewährt hat und das Arbeitstück in Massen hergestellt werden soll.

Bei der Wahl der O-Linie als unterer Grenze der Bohrung und somit als Ausgangspunkt für sämtliche Toleranzen ergibt sich bei ziffernmäßigem Eintragen eine in anderer Weise nie zu erreichende Uebersichtlichkeit und Klarheit. Als Haupt- und Grundmaße werden, wie oben angegeben, stets die Maße eingeschrieben, die einander oder der O-Linie, der unteren Grenze der »Normalbohrung«, der Scheidelinie zwischen festen und beweglichen Sitzen, am nächsten liegen. Das fest eingeschriebene Grundmaß des Wellendurchmessers läßt also bei beweglichen Sitzen ohne weiteres das Mindestspiel zu der Normalbohrung; bei festen Sitzen die Mindestpressung erkennen. Durch Hinzuziehen der Toleranzen hat man größtes Spiel und größte Pressung. Die Sitzart ist ohne weiteres an den Zahlen und den Vorzeichen erkennbar, und es kann sich auch jeder über die Lockerheit und Straffheit eine Vorstellung machen, wie auch die in Abb. 1 dargestellten Beispiele von Laufsitz, Schiebesitz, Festsitz und Preßsitz zeigen.

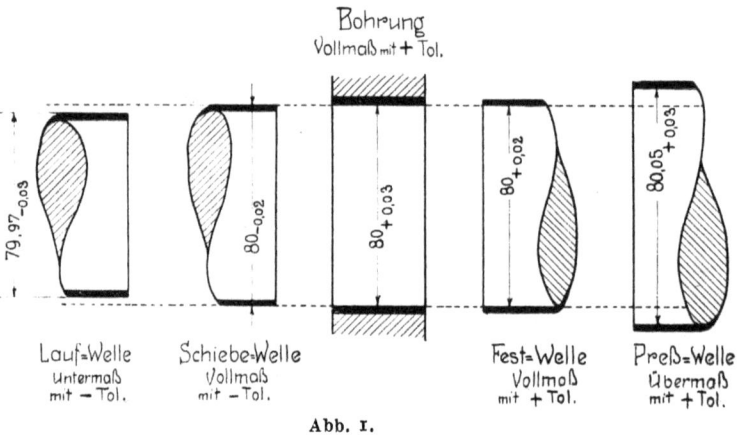

Abb. 1.

Die Festlegung vorstehender Werte hat lange Zeit den Wünschen und Zwecken vollständig genügt. Die Konstrukteure und auch die Werkstätte haben sich leicht an diese Toleranzart gewöhnt. Die Eintragung der Toleranzen in die Zeichnungen gestaltete sich infolge der glücklichen Wahl der O-Linie äußerst einfach und übersichtlich und verursachte selbst bei kleinsten Zeichnungen und vielen Maßen keine Störungen, wie nebenstehende Zeichnungen, Abb. 2 und 3, zeigen.

Eintragung von tolerierten Längenmaßen.

Das System hat sich im Laufe der Zeit weiter ausgebildet. Es kam vor allen Dingen die Regel hinzu, daß Toleranzmaße nicht so eingetragen werden dürfen, daß sie addiert werden können. Eine Welle, die zwei Absätze hat, darf nicht aus drei tolerierten Maßen zusammengesetzt werden und außerdem noch ein Gesamtmaß haben, welches vielleicht auch noch mit einer Toleranz versehen ist. Dies ist auch selbst dann falsch, wenn die Toleranzen des Gesamtmaßes gleich der Summe der Toleranzen der übrigen drei Maße sind; denn wird zuerst die Gesamtlänge gedreht und fällt diese nach der unteren Grenze aus, so ist allen anderen Maßen die Toleranz genommen; alle müßten nach der unteren Grenze ausgeführt werden, da sonst die Gesamtlänge nicht reichen würde. Aehnlich ist es, wenn die Gesamtlänge nach dem Höchstmaß fertiggestellt wird und nicht zum Schluß nochmals nachgearbeitet werden soll. Aber auch die Gesamtlänge mit einer mittleren Toleranz zu versehen, ist falsch, denn wenn das Stück nach den Einzelmaßen fertiggestellt wird und diese sämtlich nach der unteren oder oberen Grenze ausfallen, so fällt die Länge der Welle entweder kleiner oder größer aus, als die Toleranz für die Gesamtlänge vorschreibt. Die Werkstätte gerät durch ein derartiges Einschreiben von Grenzmaßen in eine vollständige Unsicherheit. Es dürfen also nicht alle Einzelmaße

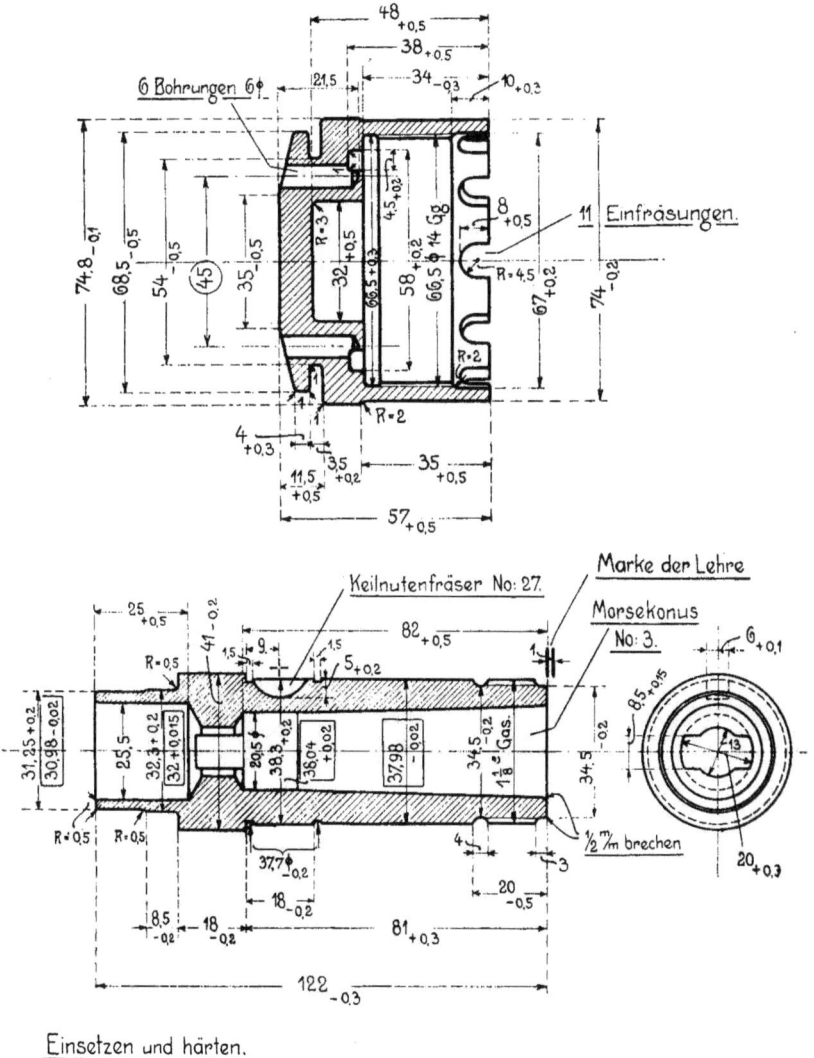

Abb. 2 und 3. Eintragung der Toleranzen in die Zeichnung.

und das Gesamtmaß eingetragen werden, sondern ein Maß (das unwichtigste Maß, welches ohnehin bei der Fabrikation nicht gemessen werden soll) ist fortzulassen, Abb. 4 und 5. Außerdem ist beim Gebrauch von Toleranzen noch weit mehr darauf zu achten, als bei einfachen Maßzahlen, daß die Maße nicht hintereinander geschachtelt werden, sondern möglichst von einer Kante ausgehen oder von den Kanten, die für die spätere Verwendung des Teiles von Wichtigkeit sind, und daß die Maße so eingetragen werden, wie sie bei der Bearbeitung gebraucht werden und wie sie gemessen werden können.

Es wurden dann später Toleranztafeln aufgestellt, um dieses Toleranzsystem auch für andere Teile als Preßluftwerkzeuge zu benutzen, und, um möglichst wenig Lehrensätze zu erhalten, wurden nur drei normale Sitzarten: Laufsitz, Paßsitz und Preßsitz, festgelegt. Es wurde besonders im mittleren und kleinen Maschinenbau eingeführt. In Abb. 6 ist eine solche Toleranztafel dargestellt. Sie gab die Maße an, welche in die Zeichnung eingeschrieben werden sollten; gleichzeitig sollten das die äußersten Grenzen sein, die bei äußerst abgenutzten Lehren entstehen würden. Für die Werkzeugmacherei war eine besondere Liste,

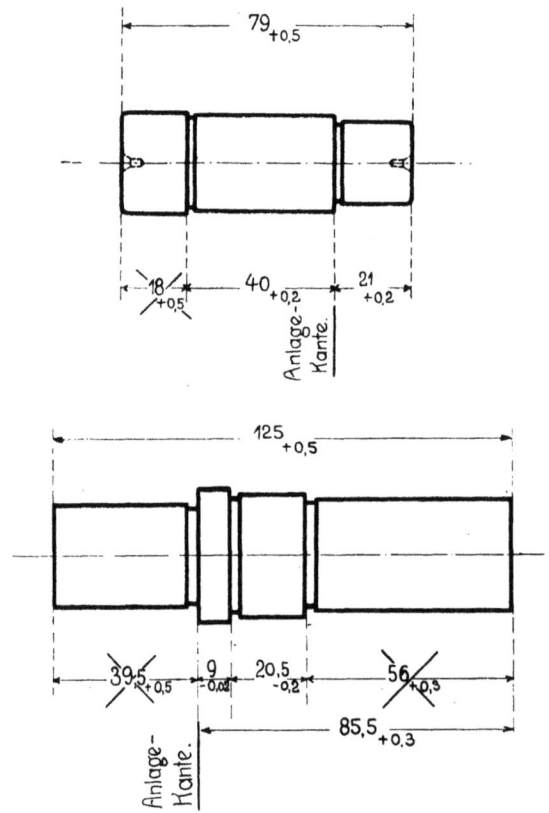

Abb. 4 und 5. richtige Eintragung der Maße.

ähnlich Abb. 7, vorhanden, nach der die abnutzende Seite der Lehre um 20 vH der Gesamttoleranz kleiner ausgeführt werden sollte. Dies gab zu Störungen Veranlassung; die Werkstattstafel wurde verlegt und geriet schließlich ganz in Vergessenheit, es wurden die Lehren nach den Zeichnungen und Bureautabellen ausgeführt, und dementsprechend kam also die Abnutzung noch besonders hinzu. Schwierigkeiten in der Fabrikation entstanden dadurch im allgemeinen, wenigstens beim Laufsitz und Preßsitz, nicht; wenn die äußersten Grenzen von Laufsitz und Bohrung zusammenkamen und die Welle zu schließend ging, half der geschickte ältere Monteur bei der Bohrung mit dem Schaber etwas nach. Mehr bemerkbar machte sich dies beim Paßsitz. Hier kam es schon häufiger vor, daß die Wellen zu fest in die Bohrungen gingen, so daß es sich vereinzelt wieder einführte, für eine gleitende Welle nur das —, für eine

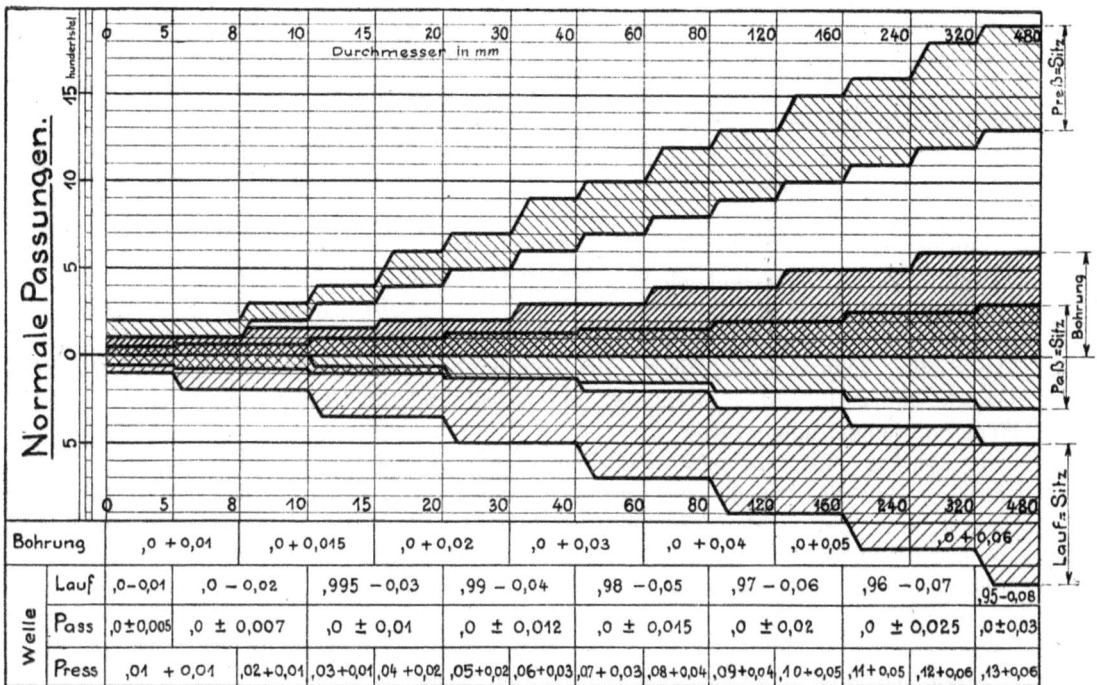

Abb. 6. Toleranztafel.

Abb. 7. Werkstattstafel.

leicht festsitzende Welle nur das + des Paßsitzes zu verwenden, und auch das Konstruktionsbureau veranlaßt wurde, in manchen Fällen, z. B. bei Zentrierungen, die Toleranz ganz genau gleich der Bohrungstoleranz zu machen. Dieser ±-Sitz war überhaupt ein Sitz, welcher den Werkstätten nicht ganz zusagte; den Leuten war es angenehmer, nur mit einer + oder nur mit einer −-Toleranz zu arbeiten, denn bei ± ist ein nicht vorhandenes Maß eingetragen, und beide Grenzen müssen ausgerechnet werden, während andernfalls die eine Grenze als feste Größe vorliegt und nur das andere Maß durch Addieren oder Subtrahieren der Toleranz berechnet werden muß; man hat bei ± mit kleineren Toleranzen oder Maßeinheiten und außerdem mit drei Maßen anstatt mit **zwei** **Maßen** zu tun. Es gibt nur zwei Grenzen, und eine Grenzlehre kann **nur zwei** Grenzen festlegen; die Anwendung von ± muß also vermieden werden. Es kam daher auch vor, daß diese ±-Toleranzangabe in den Zeichnungen geändert wurde, indem die untere Grenze als Hauptmaß und die Gesamttoleranz als −-Toleranz eingetragen wurde.

Anfang 1916 versuchte ich, den Verband deutscher Motorfahrzeug-Industrieller auf die Vorteile des O-Liniensystems aufmerksam zu machen, doch wurde eine Entscheidung für das bekanntere und bereits in der Kraftwagenindustrie sehr verbreitete ±-System getroffen, obgleich das O-Liniensystem auf anderen Gebieten ebenfalls bereits eine gewisse Verbreitung durch die Firma J. E. Reinecker erlangt hatte, die unabhängig von mir die Vorteile erkannt hatte und bereits mit einem ähnlich aufgebauten O-Liniensystem verschiedene Werke, darunter auch staatliche Betriebe, eingerichtet hatte. (S. Heft 193 und 194: »Die Passungen im Maschinenbau« von Schlesinger.)

Ich gab es damals auf, einen weiteren Versuch zu machen, und zog mich als verspätet gekommen zurück. Die Zeichnungen der Staatsbetriebe, welche für Heeresgeräte der verschiedensten Art Toleranzen enthalten, wobei jedoch planlos mit dem + und −, meistens mit ± herumgeworfen wurde, veranlaßten mich Ende 1917, nochmals die Sache aufzugreifen und eine Veröffentlichung vorzunehmen; es gab dann der Fragebogen des Normenausschusses der »Deutschen Industrie« die Veranlassung, das ganze System einer genaueren Durchsicht zu unterziehen und es zu der jetzt vorliegenden Vollkommenheit zu bringen.

Schwierigkeiten der bisherigen Toleranzarten.

Drei Passungen, die den Ausgang bei der Aufstellung von Toleranzen ursprünglich bildeten, genügen wohl für den groben Maschinenbau; im feineren Maschinenbau entsprechen sie jedoch bei der heutigen Werkstattechnik, die unbedingte Auswechselbarkeit verlangt, nicht mehr. Aus drei Passungen wurden zunächst durch Trennung des Paßsitzes in Schiebe- und Fest- oder Keilsitz vier Passungen, und da auch diese Abstufung nicht allen Anforderungen entspricht, so kommt es vor, daß sich einzelne Werke nicht nur eine, sondern sogar zwei oder drei Passungen zwischen die oben erwähnten drei Hauptpassungen gelegt haben; auch sind unter dem Laufsitz und über dem Preßsitz noch Passungen hinzugefügt, so daß sechs bis acht Passungen in einer und derselben Fabrik nichts Seltenes sind. Außerdem sind für verschiedene Arbeitsteile Sonderpassungen erforderlich, die nur ziffernmäßig in die Zeichnungen geschrieben werden können, wenn man die Ausführung nicht den Erfahrungen und dem Gefühl der Werkstätte überlassen will.

Derartig viele Passungen in der heute meist üblichen Art, bei der die verschiedenen Firmen als Kennzeichen die verschiedensten Zeichen oder Buchstaben verwenden, erfordern nicht nur ungeheure Mengen von Lehren, sondern machen vor allen Dingen die Zeichnungen zu einem Bilderrätsel. Konstrukteure, Werkstattbeamte und Arbeiter müssen sich bei jeder Firma wieder neu an die bei dieser übliche Art gewöhnen, auf dem Bureau und in den Betrieben sind Tafeln für die Ergründung der Kennzeichen erforderlich, bei einzelnen Firmen erhält sogar jede Zeichnung in der einen Ecke eine solche Tafel.

Die Verschiedenheit der Toleranzen nicht nur der verschiedenen Fabrikationsfirmen sondern auch der Lehrenfirmen zeigt deutlich, daß diese Angelegenheit dringend einer Regelung bedarf. Auch Hr. Prof. Dr. Schlesinger hat in dem bereits erwähnten Heft der Forschungsarbeiten eine Verschiebung der einzelnen Passungsgrenzen gegenüber seiner früheren Arbeit vorgenommen und außer dem Schrumpfsitz jetzt sechs Passungen vom leichten Laufsitz bis zum Preßsitz als normal festgelegt. Die Grenzen werden in dieser Weise, weil immer Fälle übrig bleiben, für die die festgelegten Passungen nicht passen, allmählich immer enger und dadurch die Fabrikation für eine ganze Reihe von Fällen unnötig erschwert und verteuert.

Dies hat auch bereits dazu geführt, daß die Passungen für die verschiedenen Maschinengattungen verschieden gewählt werden; so schreiben z. B. die Hommelwerke in ihrem Katalog: »Lehren für Textil-, Holzbearbeitungs-, landwirtschaftliche Maschinen u. dergl. verlangen andere Toleranzen«. Was wird das für einen Zustand geben, wenn eine Firma verschiedene Maschinengattungen fabriziert und die einzelnen Abteilungen hinsichtlich der Toleranzen nicht einheitlich vorgehen oder sich nicht verständigen und sogar für die verschiedenen Maschinengattungen die gleichen Zeichen verwenden, obgleich die Passungen in den Maßen selbst verschieden sind?

Außer den Maschinenpassungen kommen noch Passungen für rohe Teile, für Oel- und Wasserstandsgläser, für Glühlampenfassungen, Konservenbüchsen und Konservengläser und viele andere Teile mehr in Betracht. Es läßt sich wohl ein Teil, für den eine gröbere Toleranz am Platze ist, nach einer feineren Toleranz ausführen, und hierdurch ließe sich die Anzahl und die Arten der Lehren verringern, doch würde sich das Arbeitstück, wie bereits vorher erwähnt, unnötig, oft wesentlich durch die hierdurch bedingte genauere Bearbeitung verteuern. Die Wirtschaftlichkeit in der Herstellung erfordert es, die Grenzen so weit zu halten, wie eine gute und austauschbare Arbeit dies zuläßt, damit das Arbeitstück an dieser Stelle mit dem für gute und austauschbare Arbeit erforderlichen Mindestmaß an Zeit hergestellt werden kann und Sonderwerkzeuge, wie Reibahlen u. dergl., möglichst lange benutzt werden können.

Die vorerwähnten Schwierigkeiten werden sich hauptsächlich erst zeigen, wenn Sonderfabriken und Sonderabteilungen in größerem Maße als bisher entstehen, das Bauen von Maschinen mehr verschwindet und die Fabrikation für alles mehr um sich greift. Hier muß in erster Linie Wandel geschaffen werden; die Toleranzen müssen so eingetragen werden, daß sie für jeden verständlich sind, also international mittels Ziffern oder mittels einheitlich festgelegter Buchstaben.

Aufstellung eines Passungsmaßes.

Beim ziffernmäßigen Einschreiben der Grenzmaße sind diese Schwierigkeiten größtenteils ohne weiteres behoben, jedoch fehlt noch eine einheitliche Bezeichnung, durch die eine und dieselbe Passung für die verschiedenen Durchmesser wissenschaftlich unzweideutig und allgemein verständlich ausgedrückt werden kann. Dies läßt sich dadurch erreichen, daß ein gemeinschaftlicher

Maßstab gefunden oder aufgestellt wird, der nicht auf das absolute Maß bezogen ist sondern die Eigenart der Passungen als Grundlage hat. Ein derartiger Maßstab erleichtert auch dem Konstrukteur die Uebersichtlichkeit und Durchsichtigkeit des ganzen Systems, besonders wenn es noch möglich ist, die wichtigsten Passungen (das sind bis heute noch immer die des Maschinenbaues) in einfache Verhältnisse zueinander zu bringen.

Ein gemeinschaftlicher Faktor, der als Maßstab für die verschiedenen Passungen gebraucht werden kann, läßt sich nicht ohne weiteres finden, denn die Größen der Toleranzen und ihre Abstände voneinander sind bei den einzelnen Firmen, z. B. Loewe, Reinecker, Hommel, Mahr und auch in Nr. 193/194 der Forschungsarbeit von Schlesinger, zu unterschiedlich. Gerade dieser teilweise recht erhebliche Unterschied zeigt jedoch klar und deutlich, daß anstatt der ungleichen Einteilung auch eine übersichtliche gleichmäßige Einteilung gut brauchbare Werte gibt.

Für den Verlauf der Paßlinien für normale Sitze sind außer den Durchmesserunterschieden der verschiedenen festen und beweglichen Sitze fast ausschließlich die Ausführungsschwierigkeiten maßgebend. Sie bestehen in der Einhaltung des gewünschten Durchmessers, die bei kleineren Durchmessern verhältnismäßig schwieriger ist als bei größeren Durchmessern, und der Ungenauigkeit der Oberflächen. Diese besteht zunächst in Rauheit, die durch die Herstellungsart bedingt ist, bei laufendem Sitz durch Abnutzung das Spiel vergrößert und beim Preßsitz durch Umlegen der feinen Spitzen die Pressung verkleinert. Diese Rauheit ist auch bei kleinen Durchmessern verhältnismäßig groß, und das muß auch z. B. in der Zone zwischen Bohrung und Preßwelle zum Ausdruck kommen. Bei dem leichter gehenden festen Sitz ist diese Rauheit weniger von Bedeutung, da sich die feinen Spitzen infolge der geringen Pressung auch weniger umlegen. Die zweite Art der Ungenauigkeiten sind die Wellen und wellenförmigen Unebenheiten; diese vergrößern stellenweise die Pressung, vergrößern aber auch beim Laufsitz das Spiel allmählich, rufen erhöhte Lagerpressungen an einzelnen Stellen hervor und bedingen das noch vielfach übliche zeitraubende Einschaben der Lagerstellen. Diese Unebenheiten müssen nach Möglichkeit ganz vermieden werden.

Ganz ähnlich wie für die beiden ersten Herstellungsschwierigkeiten verläuft auch die Kurve für das Spiel, welches zwischen der laufenden Welle und der Bohrung für das nötige Schmiermittel erforderlich ist. Es soll daher bei der Festlegung des Maßstabes für die verschiedenen Passungen von diesem Spiel ausgegangen werden.

Bei Festlegung des Spielraumes zwischen Bohrung und Laufsitz ist vor allen Dingen das für entsprechende dünnflüssige Schmierung unbedingt erforderliche Mindestspiel zu berücksichtigen, das entstehen kann bei äußerster Abnutzung der kleinsten Lochlehre und der größten Rachenlehre für die Welle. Dies ist allerdings von der Länge, dem Durchmesser und der Laufgeschwindigkeit, also von der Größe der gesamten in der Zeiteinheit durchlaufenen Lagerfläche und der spezifischen Lagerpressung abhängig, kann aber im Durchschnitt wohl mit $1/500$ bis $1/600 \sqrt{D}$ angenommen werden. Wird nun für die Abnutzung der Lochlehre und der Rachenlehre ebenfalls insgesamt etwa $1/600 \sqrt{D}$ angenommen und festgesetzt, so ergibt sich der Abstand zwischen Lochlehre und Rachenlehre für Laufsitz, also zwischen Bohrung und laufender Welle $= \infty \, 1/300 \sqrt{D}$.

Paßeinheit PE.

Diese so erhaltene Größe soll als Maßeinheit für den Aufbau des gesamten Toleranzsystems dienen. Bisher sind zwar Abstufungen für die Toleranzen der verschiedensten Durchmesser gebräuchlich, die der $\sqrt[3]{D}$ bis $\sqrt[4]{D}$ entsprechen, doch ergeben sich hierbei für große Durchmesser von 300 mm und mehr zu kleine und für die kleineren Durchmesser unter 100, ganz besonders unter 50 mm, hauptsächlich bei Feinpassungen, entschieden zu große Toleranzen, auch bieten die heutigen Bearbeitungsverfahren die Möglichkeit für die Einhaltung engerer Grenzen bei den kleineren Durchmessern. Es soll also im folgenden $^1/_{300}\sqrt{D}$ als Grundlage dienen und diese Größe als Paßeinheit (PE) bezeichnet werden.

Der Meßunterschied, der zwischen den tatsächlichen Maßen der Lehren und der Arbeitstücke vorhanden ist, und der bei guter Arbeit und entsprechender Wahl der Lehrwerkzeuge für Welle und Bohrung auf etwa $^1/_{200}$ mm gegenüber den Lehren beschränkt werden kann, soll hier nicht berücksichtigt werden.

Bei PE = $^1/_{300}\sqrt{D}$ ergibt sich für einen Durchmesser von etwa 150 mm eine Paßeinheit von 0,04 mm. Bei Annahme der O-Linie als unterer Grenze für die Bohrung und bei Toleranzen für Bohrung und Welle gleich der eben erhaltenen Paßeinheit sind die Grenzen

für die Bohrung . . . . = 150 + 0,04,
für die Laufwelle . . . . = 149,96 − 0,04.

Diese Toleranzen entsprechen den Toleranzen der Hauptteile eines erstklassigen Maschinenbaues, und diese Passungen sollen als Bohrung und Laufsitz 1 bezeichnet werden.

Werden für die Toleranzen von Bohrung und Welle die $1^1/_2$ fachen Werte der Paßeinheit ($1^1/_2$ PE) genommen unter Beibehaltung des gleichen Spielraumes zwischen Bohrung und Welle, so sind die Werte

für die Bohrung . . . . = 150 + 0,06,
für die Laufwelle . . . . = 149,96 − 0,06.

Dies sind die Werte für einen guten Maschinenbau, und diese Passungen sollen als Bohrung und Laufsitz $1^1/_2$ bezeichnet werden.

Werden für die Toleranzen 2 PE genommen, so betragen sie 0,08, und dies sind Werte, die für einen noch brauchbaren Maschinenbau geeignet sind, d. h. für Maschinen, an die keine zu hohen Ansprüche in Bezug auf ruhigen und sicheren Lauf gestellt werden. Diese Passungen sollen mit 2 bezeichnet werden.

In $^1/_2$ PE hat man eine Feinpassung, die für Präzisionsarbeit, wie z. B. einzelne Teile von Werkzeugmaschinen, erforderlich ist.

Man erhält in der vorbeschriebenen Weise die Laufsitzpassungen $^1/_2$, 1, $1^1/_2$ und 2, die sämtlich mit den Bohrungspassungen $^1/_2$, 1, $1^1/_2$ und 2 beliebig durcheinander gebraucht werden können. Die Auswechselbarkeit ist stets gewährleistet, einerlei nach welcher Passung die Welle ausgeführt ist; es kann sich also jede Fabrik die für ihre Maschinenart geeignete Toleranz wählen und, wenn erforderlich, für einzelne Durchmesser zwei oder sogar mehrere Toleranzen als normal in ihrem Werke führen; sie kann für die Bohrungen größere Toleranzen wählen als für die Wellen, wenn ihre Einrichtungen dies wünschenswert erscheinen lassen, und hat dabei jederzeit die Möglichkeit, ohne Störung zu einer anderen Toleranz, z. B. einer höheren Güte ihrer Arbeit, überzugehen.

Es ist auch die Möglichkeit gegeben, daß eine Behörde für gewisse Teile bestimmte Toleranzen vorschreiben kann und daß bei Streitigkeiten die Toleranznummern als Staffel für den Gütegrad gewählt werden können.

Passungsmaßnahme.

Werden die so erhaltenen Werte in ein Koordinatensystem nach Durchmessern und Toleranzen eingetragen und diese Eintragungen oberhalb und unterhalb der Abzissenachse (O-Linie) in der gleichen Art weiter ergänzt, so erhält man eine Passungstafel, wie in Abb. 8 dargestellt. Aus dieser Tafel kann an jeder Stelle oberhalb der O-Linie eine +-Passung, d. h. eine Toleranz für eine festsitzende Welle oder für eine normale Bohrung, und unterhalb der O-Linie eine —-Passung, d. h. eine Toleranz für eine bewegliche Welle oder, wie später noch näher beschrieben werden soll, für eine abnormale Bohrung herausgegriffen werden.

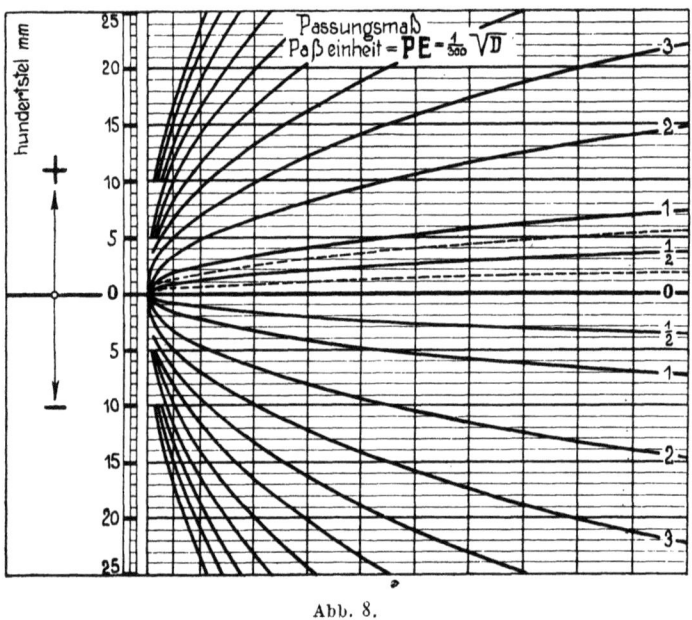

Abb. 8.

Die O-Linie als untere Begrenzung der Normalbohrung macht den ziffernmäßigen Gebrauch der einzelnen Passungen übersichtlicher und leichter verständlich, sie trennt feste und bewegliche Sitze, also + und — voneinander und ermöglicht dadurch in einfacher, klarer Weise den Aufbau eines Passungsmaßes, wodurch sich jede Passung und Toleranz, einerlei ob für Durchmesser-, Längenmaße oder für Gewinde, in einfacher, unzweideutiger und übersichtlicher Form allgemein verständlich ausdrücken läßt. Durch das Passungsmaß sind die einzelnen Passungen in einfache, leicht zu überblickende Verhältnisse zueinander gebracht, und es ist dadurch eine allgemeine Grundlage für sämtliche Industrien geschaffen, sodaß die Passungen nicht mehr, wie bisher, Sondergut einiger weniger bleiben, die sich hauptsächlich mit diesem Gegenstand beschäftigen, sondern technisches Allgemeingut für sämtliche Industrien werden.

Schreibweise des Passungmaßes.

Die allgemeine Bezeichnung der einzelnen Passungen erfolgt im Passungsmaß, welches für alle Durchmesser bei einer und derselben Passung das gleiche ist, und zwar **der Abstand von der O-Linie mit der Toleranz und dem davorgesetzten + oder −**, je nachdem die Passung oberhalb oder unterhalb der O-Linie liegt. Z. B. die Laufpassung 1 würde in Passungsmaß − 1/1 geschrieben (gesprochen − 1 mit 1), also bei 150 Durchmesser 150 − 1/1, welches gleich ist der metrischen Schreibweise 149,96 − 0,04. Die Bohrungspassung 1½ für 150 Durchmesser würde in Passungsmaß 150 + 0/1½ geschrieben. Das Passungsmaß − 2/7 (gesprochen − 2 mit 7) bedeutet, daß die Passung 2 PE unter der O-Linie liegt und dazu eine −-Toleranz von 7 Paßeinheiten kommt.

Wie ersichtlich, läßt sich in dieser Weise jede beliebige Passung für jeden, der mit dem Passungsmaß vertraut ist, übersichtlich und leicht verständlich ausdrücken, ohne daß er für jeden Durchmesser das absolute Maß zu beherrschen braucht. Wenn man berücksichtigt, daß jede der verschiedenen Industrien für sich nur einige wenige ganz bestimmte Passungen braucht und das Passungsmaß gleichzeitig die Verhältniszahl der einzelnen Passungen zu einander ist, so wird der Konstrukteur in kurzer Zeit vollständig damit verwachsen sein; der Gebrauch der Passungen erfolgt ganz mechanisch jedoch mit dem großen Vorteil gegenüber der bisherigen Weise, daß sich jeder die Lage der Passung und ihre Größe (wenigstens relativ) vorstellen kann. Die Passungstafel ist weiter nichts als eine Nummernlehre, wie solche auf den verschiedensten Gebieten gebraucht werden, nur mit dem einen Unterschied, daß das absolute Maß nur in Verbindung mit dem Durchmesser gefunden wird.

Dieses Passungsmaß ist die allgemeine Verständigungsform für sämtliche Industrien. Die Lehren erhalten den Nenndurchmesser mit dem Passungsmaß in der Mitte auf ihrem Schaft, während die eine Grenze der Lehre, die der O-Linie am nächsten liegt, das absolute Maß und die andere Grenze die Toleranz mit dem betr. Vorzeichen erhält. Bei Doppelrachenlehren wird zweckmäßig die Seite, die nicht hinübergehen soll, durch roten Lackanstrich gekennzeichnet; bei Lehrbolzen sind die beiden Grenzen durch ihren Längenunterschied unverkennbar, so daß hierbei also sowieso eine Verwechslung der beiden Grenzen nicht eintritt.

Beispiele in Passungsmaß.

Nachstehend sind einige Beispiele über die Wahl von Passungen nach der Passungstafel aufgeführt. Die Herstellungsgenauigkeiten und zulässigen Abnutzungen der Lehren werden später näher angegeben:

Gewindeflankendurchmesser für handelsübliche Schrauben . . . . − 1/5
desgl. für Muttern dazu . . . . + 1/5
Gewindeflankendurchmesser für gut geschnittene Schrauben . . . − ¾/3¼
desgl. für Muttern dazu . . . . + ¾/3¼
Glühlampenfassungen (Edisongewinde) Innengewinde . . . . + 4/20
»   »   Außengewinde . . . . . . − 4/20
Durchmesser von blank gezogenen runden Stangen . . . . − 0/5
desgl. von roh gewalzten runden Stangen . . . . + 0/50
Kugellager-Innendurchmesser . . . . + 0/½
desgl. Außendurchmesser . . . . − 0/½
blank gezogene Vierkant-, Sechskant- usw. stangen über Flächen
  gemessen . . . . − 0/7
blank gezogene Dreikant-, Fünfkant-, Sechskant-, Achtkant- usw.
  stangen in Abhängigkeitsmaß, d. h. der Abstand von 3 Flächen
  zu einander . . . . − 0/7

Vierkante für Reibahlen, Gewindebohrer und dergl.		− 0/4
Windeisen dazu		+ 4/4
normale Mutternschlüssel		+ 4/7
Dampfkolben für Zylinder mit geheizten Mänteln		$-\frac{1}{3000}D-2/2$ [1])
» » » ohne Mantelheizung bei Sattdampf		$-\frac{1}{1500}D-2/2$
» » » ohne Mantelheizung bei überhitztem Dampf		$-\frac{1}{700}D-2/2$
Kompressorkolben		$-\frac{1}{1500}D-2/2$
Außendurchmesser von Ansätzen bei Konservengläsern, Oelgläsern, Porzellanrohren usw.		− 10/30
Innenmaße für Kartothekkästen		+ 50/30
Karten für Kartotheken		− 0/30
Briefbogen, Prospektblätter		− 0,50

Die größte Anzahl verschiedener Passungen kommt wohl im Maschinenbau vor; es kommen Teile vor, die leicht beweglich sein, d. h. leicht laufen müssen, Teile, die gut sicher laufend gelagert sein müssen, Teile, die schließend aber noch verschiebbar gehen, dann festsitzende Teile, bei denen aber immerhin verhältnismäßig häufig und mit einfachen Mitteln eine Auswechselung vorgenommen werden muß, festsitzende Teile, bei denen eine Auswechselung selten vorkommt, die aber mit einer gewissen Spannung mit dem Gegenstück verbunden sein müssen, da sie größere Kräfte übertragen sollen; ferner der Schrumpfsitz, der die Herstellung aus einem Stück ersetzen und Kräfte jeglicher Art von dem einen Teil in das andere überleiten soll. Dieser letzte Sitz, der in seiner Art von den übrigen Passungen abweicht und nur für Metalle geeignet ist, daher nur im Maschinenbau vorkommt, soll später besonders behandelt werden; die übrigen Passungen des besseren Maschinenbaues sind in nachstehender Zahlentafel, Abb. 9, im Passungsmaß angegeben. Es können für diese, da sie eine zusammenhängende Gruppe in einem ganz bestimmten Industriezweig bilden,

	Sitzart (Passung)	Sitzart in Passungsmaß	Sitzart in Industriezeichen	Beispiel für 150 Dmr. in metrischem Maß
	Preßsitz	..0 + 2/1	..0 P1	150,08 + 0,04
	Leichter Preßsitz	..0 + 1/1	..0 LP1	150,04 + 0,04
	Fester Sitz	..0 + 0/¾	..0 F¾	150 + 0,03
Wellen	Schiebesitz	..0 − 0/¾	..0 S¾	150 − 0,03
	Schließender Laufsitz	..0 − ½/¾	..0 SL¾	149,98 − 0,03
	Laufsitz (normal)	..0 − 1/1	..0 L1	149,96 − 0,04
	Leichter Laufsitz	..0 − 2/1½	..0 LL1½	149,92 − 0,06
	normale Bohrung	..0 + 0/1	..0 B1	150 + 0,04
Ergänzungs-Bohrungen	Schiebe-Bohrung	..0 − 0/1	..0 SB1	150 − 0,04
	Feste Bohrung	..0 − 1/1	..0 FB1	149,96 − 0,04
	Preß-Bohrung	..0 − 3/1	..0 PB1	149,88 − 0,04

Abb. 9.

---

[1]) Durch die proportionale Größe von D wird die verschiedene Wärmeausdehnung zwischen Kolben und Zylinder berücksichtigt.

Sonderbezeichnungen (Industriezeichen) eingeführt werden, welche in der Hauptsache den bisher üblichen Zeichen entsprechen. Zweckmäßig ist es dann, die Lage der Passung zur O-Linie mit diesen (Industriezeichen-) Buchstaben zu kennzeichnen und die dazukommende Toleranz im Passungsmaß beizubehalten, sofern verschiedene Toleranzen für diese Sitzart in Frage kommen, wie dies in vorstehender Zahlentafel gezeigt ist. Bei der Toleranz I kann diese Ziffer fortgelassen werden; es genügt hierfür der Buchstabe allein.

Werden die Zeichnungen nur in der eigenen Werkstätte gebraucht und für jede als normal geführte Sitzart nur eine Passungsgrenze, also ein Satz Grenzlehren vorrätig gehalten, so würde die Beifügung des Buchstabens allein genügen, wenn dies auch nicht zu empfehlen ist. In allen Fällen, in denen die Stücke in fremden Werkstätten ausgeführt werden sollen, ist jedoch eine allgemeinverständliche Form für die Angabe der Passung zu wählen. Berücksichtigt man nun, daß vor dem Buchstaben oder vor dem Passungsmaß auch noch der nominelle Durchmesser angegeben sein muß, so zeigt sich, daß die Schreibweise mit Buchstaben keineswegs einfacher und übersichtlicher ist als die Schreibweise in metrischem Maß, wie sie für Längenmaße sowieso im allgemeinen nur in Frage kommt; die einzige Mehrarbeit bei Benutzung des letzteren liegt darin, daß der Konstrukteur oder Zeichner eine Tafel zur Hand nehmen muß, da natürlich nicht von ihm verlangt werden kann, die vielen Maße im Gedächtnis zu haben, wenn dies auch durch die Festlegung der Passeinheit wesentlich erleichtert ist. Dafür bietet die Eintragung in metrischem Maß aber den Vorteil, daß die Schreibweise, da sie international ist, von jedem verstanden wird, die Passung also auch in jeder Werkstatt ohne irgendwelche Rückfragen oder Zuhilfenahme von Umrechnungstafeln, nötigenfalls sogar ohne Grenzlehren, nach dem Mikrometer ausgeführt werden kann und sowohl Bureau als auch Werkstatt sehr bald ein gewisses Gefühl für Toleranzen und für 100stel mm erlangen. Letzteres kommt besonders dem Konstrukteur bei Neukonstruktionen und ungewöhnlichen Verhältnissen sehr zu statten.

Rauhgrad der Bearbeitung.

Das Einschreiben der Toleranzen in direktem Maß hat weiter den Vorteil, daß die Toleranz gleichzeitig als Rauhgrad für die Bearbeitung betrachtet werden kann, d. h. der Rauhgrad darf nicht größer sein als die Toleranz, oder die einzelnen durch die Bearbeitung entstehenden Vertiefungen in der Oberfläche dürfen nicht tiefer als $1/2$ der Toleranz sein; mit anderen Worten: Wird die Oberfläche nachgearbeitet (sauber poliert wie die Oberfläche eines Kaliberbolzens), so darf sie, nachdem der Durchmesser um eine Größe kleiner geworden ist, die gleich der Toleranz ist, keine Stellen der ursprünglichen Bearbeitung mehr zeigen. Bei der Wahl des Rauhgrads gleich der Toleranz braucht nur dann in der Zeichnung eine besondere Bemerkung zu sein, wenn trotz gröberer Toleranz eine saubere, geschmirgelte oder polierte Oberfläche verlangt wird.

Toleranzen für Schrupp- und Vorarbeiten.

Schrupp- und Vorarbeiten bei der Metallbearbeitung wird man in der Massenfabrikation zweckmäßig zum Teil ebenfalls nach Toleranzen ausführen, und zwar wenn es sich um Abmessungen handelt, die, in dieser Weise bearbeitet, als fertig gelten sollen, aber eine gewisse Genauigkeit haben müssen, da die Teile an diesen Stellen bei der weiteren Bearbeitung eingefuttert werden müssen, oder wenn es sich um das Vorarbeiten derjenigen Stellen handelt, die später geschliffen werden sollen.

Für den ersten Fall muß außerdem auf die Bearbeitungsart besonders Rücksicht genommen werden. Die kleineren Teile werden in der Massenfabrikation größtenteils auf Automaten, Revolverbänken oder selbsttätigen Drehbänken von ungelernten Leuten hergestellt. Dies bedingt bei guter Instandhaltung der Maschinen eine Toleranz von mindestens 0,1 bis 0,2 mm; sie muß also schon bei den kleinsten Teilen mindestens 0,1 mm betragen. Bei allergrößten Stücken (2 bis 2½ mm Dmr.) darf die Toleranz keinesfalls über 1 mm hinausgehen. Gute Werte hierfür ergibt »0,1 mm + 4 PE«; die sich hieraus ergebenden Werte werden zweckmäßig auf zehntel Millimeter abgerundet, damit beim Nichtvorhandensein von Grenzlehren die Schiebelehre zum Messen benutzt werden kann. Diese Werte zählen für Außendurchmesser im allgemeinen als −-Werte, da Futter, Patronen, Zangen und Schablonen zweckmäßig nach der Normalbohrung angefertigt werden.

Für den zweiten Fall ist außer der Toleranz noch eine gewisse Zugabe zu machen, die den Rauhigkeitsgrad der Bearbeitung berücksichtigt und noch eine genügende Sicherheit bietet, daß das Arbeitstück beim späteren Schleifen trotz geringer Krümmungen und nicht ganz rundem Vordrehen noch vollständig sauber ausfällt. Außerdem ist zu berücksichtigen, daß man auf einer Rundschleifmaschine wohl bedeutend schneller eine hohe Genauigkeit und eine saubere Oberfläche erzielt, aber größere Mengen Metall viel schneller auf einer Drehbank abgehoben werden können, und daß obendrein eine Drehbank billiger ist als eine Rundschleifmaschine. Für die Herstellung auf der Drehbank wäre eine Toleranz ähnlich der oben angeführten erwünscht, diese muß jedoch mit Rücksicht auf den Schleifprozeß für die größeren Durchmesser etwas verringert werden, da andernfalls die gesamte Zugabe mit Rücksicht auf den Rauhigkeitsgrad zu groß ausfallen würde.

Gute Werte ergibt 0,2 + 2 PE als Mindestzugabe und etwa ³/₄ dieser Werte als Toleranz. Beide Werte werden zweckmäßig wieder auf zehntel Millimeter abgerundet, sie zählen für Außendurchmesser als +-Werte, für Innendurchmesser als −-Werte. Für Innenmaße werden die Werte wegen des schwierigeren Schleifens zweckmäßig etwas kleiner gehalten = 0,1 + 2 PE. Bei zu härtenden und zu schleifenden Teilen ist bei größeren Innenmaßen zuvor die durch das Härten entstehende Ausdehnung festzustellen. Werden Fertigmaß und Vorarbeitungsmaß in den Zeichnungen angegeben, so wird das Fertigmaß zweckmäßig eingekastet, also:

$$\frac{50{,}25 + 0{,}2}{50 - 0{,}03}.$$

Da jede einzelne Industrie nur eine sehr geringe Anzahl von Passungen gebraucht, so zieht sie sich diese wenigen Passungen zweckmäßig aus der allgemeinen Passungstafel heraus und stellt sie in einer Tafel, ähnlich Abb. 6, zusammen.

Konstruktionsbureau und Werkstätte.

Ratsam ist es, Konstrukteure und Zeichner an das ziffernmäßige Einschreiben von Toleranzen in metrischem Maß und überhaupt an Toleranzen zu gewöhnen. Es werden bei ziffernmäßigen Eintragungen die Toleranzen, für die Grenzlehren in dem betreffenden Werke vorhanden sind, zweckmäßig eingekreist, also z. B. 149,96 −(0,04), damit die Werkstatt sofort das Vorhandensein normaler Grenzlehren erkennt. Diese ziffernmäßige Eintragung in natürlichem, metrischem Maß hat nicht nur den Vorteil, daß sie allgemeinverständlich und international ist, sondern die Zeichnung wird einheitlicher und ruhiger aussehen, als wenn in ihr Toleranzen für Längenmaße und abnormale Toleranzen ziffernmäßig und normale Toleranzen in Buchstaben vorkommen; auch bietet die ziffernmäßige Eintragung den großen Vorteil, daß nur die Lehren, die tatsächlich häufig gebraucht werden, angeschafft und vorrätig gehalten zu werden brauchen, und daß bei Konstruktionsänderungen das Aufheben von Lehren für spätere Ersatzteile unnötig wird. Außerdem bekommt der Konstrukteur durch den Gebrauch der Toleranzen sehr bald ein Gefühl für die Genauigkeiten von Werkstättenausführungen, so daß er nach kurzer Zeit bei abnormalen Teilen passende Angaben für das erforderliche Spiel usw. machen kann. Ueberhaupt ist es eine dringende Notwendigkeit, daß der Konstrukteur sich mehr der Werkstätte anpaßt, und hierzu ist eben erforderlich, daß er mit den Herstellungsweisen und den ohne allzu große Schwierigkeiten zu erzielenden Genauigkeiten und den erforderlichen Genauigkeiten mehr vertraut wird, als dies bisher meistens der Fall war. Mit dem Konstruieren allein wird kein Geld verdient, sondern durch das Fabrizieren, und das Fabrizieren darf nicht durch ungeeignete Konstruktionen unnötig erschwert oder sogar verhindert werden, auch darf die Fabrikation nicht durch zu vieles Konstruieren fortwährend gestört werden. Es soll damit nicht gesagt werden, daß keine konstruktiven Fortschritte gemacht werden sollen und neuere, bessere Konstruktionen alte nicht verdrängen dürfen, sondern es soll nicht durch jede Kleinigkeit, oftmals nebensächliche Dinge, die womöglich zeitraubende, kostspielige Aenderungen der Einrichtungen bedingen, die Fabrikation fortwährend gestört werden. Vor allen Dingen darf nicht auf jeden Sonderwunsch des Abnehmers eingegangen werden, damit das Konstruktionsbureau anregende Beschäftigung erhält, während die Werkstatt durch diese Sonderausführungen in der regelrechten Fabrikation gestört wird und nichts verdient, denn die Unkosten, die durch Sonderkonstruktionen entstehen, werden in den seltensten Fällen bezahlt.

Bei der Massenfabrikation ist das Konstruktionsbureau in erster Linie für die Werkstätte da; das heißt aber nicht, daß das Konstruktionsbureau nur das macht, was die Werkstätte angibt, sondern daß das Konstruktionsbureau seine Konstruktionen und Zeichnungen so vollkommen und klar der Werkstätte liefert, daß diese danach in möglichst einfacher und billiger Weise fabrizieren kann, andernfalls würde es dazu kommen, daß die Werkstätte die vom Konstruktionsbureau gelieferten Zeichnungen für die Fabrikation geeignet umkonstruieren müßte; es würde ein dem Betriebe unterstelltes Konstruktionsbureau neu entstehen; das bisherige Konstruktionsbureau würde nach und nach immer mehr verschwinden und damit Neuerungen und die damit verbundenen allgemeinen Fortschritte, deren Anregungen größtenteils durch die Forderungen der Abnehmer gegeben werden und mit denen der Betrieb nicht in genügender Fühlung stehen kann, selbstverständlich aus fabrikationstechnischen Gründen ängstlich vermieden. Konstruktionsbureau und Werkstatt, die getrennt ihren Bureau- und Werkstättenleiter haben können, im übrigen aber selbstverständlich einer und derselben Leitung, z. B. einem Abteilungsvorsteher unterstellt sind, müssen daher nebeneinander bestehen bleiben, jedoch sollen sie nicht starr getrennt voneinander arbeiten, sondern in Fühlung miteinander bleiben; wenn gewisse Ausführungen sich bei der Fabrikation als besonders schwierig ergeben, müssen diese Fälle dem Konstruktionsbureau gemeldet werden und Vorschläge für die Abhilfe gemacht werden, die dann vom Konstruktionsbureau hinsichtlich des Einflusses auf Wirkung, auf Funktion und sonstige maßgebende Punkte geprüft werden.

Der Konstrukteur soll sich bei jedem Strich überlegen, in welcher Weise die Werkstätte ihn ausführen kann, und welche Schwierigkeiten sie damit hat. Er soll also gewissermaßen schon auf dem Reißbrett beim Konstruieren fabrizieren, d. h. die Teile für die Massenfabrikation geeignet machen und der Werkstatt die Schwierigkeiten aus dem Wege räumen. Ein Konstrukteur muß seine Konstruktion vom Reißbrett bis zur fertigen Maschine auf jeder Herstellungsstufe überblicken können; er muß nicht nur wissen, wie das Modell aussieht, er muß es aufzeichnen können, denn sollen Modelle für Massenfabrikation geeignet, gut und einfach ausfallen, so müssen sie durchkonstruiert werden, damit alle schwierigen Ecken und übermäßig viele ineinandergeschachtelte, schlecht gelagerte und sich leicht versetzende Kerne vermieden werden; er muß die Teile formen, gießen und bearbeiten und muß also auch die für die Bearbeitung erforderliche Genauigkeit, die Toleranzen, angeben können. Nicht die Werkstatt soll die Maschine bauen und sich über Konstruktionseinzelheiten später bei der Herstellung den Kopf zerbrechen, sondern der Konstrukteur, bevor er die Teile in die Werkstatt gibt; die Werkstatt soll fabrizieren, und zwar möglichst glatt.

Normalbohrung oder Normalwelle.

Es war bisher im Maschinenbau üblich, zwei verschiedene Toleranzsysteme zu verwenden, von denen das eine die einheitliche Bohrung, das andere die einheitliche Welle als Ausgangspunkt hat. Dies, auch auf das vorbeschriebene System angewendet, würde einen Aufbau ergeben, wie er in Abb. 10 schematisch für die im Maschinenbau in Betracht kommenden Toleranzen angedeutet ist.

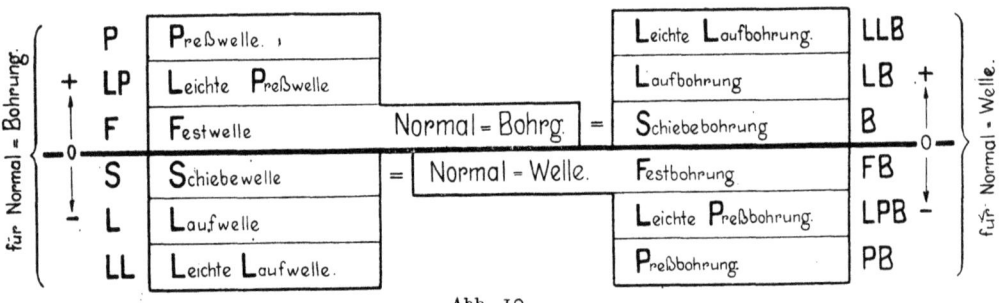

Abb. 10.

Es wäre dann, wie bisher, jeder einzelnen Firma überlassen, das Einwellen- oder Einbohrungssystem für ihre Fabrikation zu bevorzugen; die Wahl wäre wieder den Ueberlegungen und der Willkür eines jeden einzelnen anheimgestellt, und es könnte vorkommen, daß durch Wechsel eines Abteilungsvorstehers auch ein Wechsel der Ansicht über das Toleranzsystem einträte, das bisher gebrauchte System allmählich unterdrückt und das andere eingeführt würde. Ganz abgesehen davon, daß der Firma hierdurch große Unkosten entstehen und die Auswechselbarkeit der von ihr hergestellten Fabrikate darunter leidet, soll gerade durch die Festlegung von Normalien und Systemen den Mitmenschen und besonders der Nachwelt die Arbeit der andernfalls immer wiederkehrenden Ueberlegungen erspart und die damit unvermeidlich auftretenden Fehlgriffe vermieden werden. Außerdem ist es, vom betriebstechnischen Standpunkt aus betrachtet, im allgemeinen verwerflich, eine glatte, normale Welle durch ungeteilte Bohrungen verschiedener Passung zu schieben oder sogar noch zu pressen, da die Welle und nicht selten auch die Bohrungen hierbei beschädigt werden. In einzelnen Fällen, wie z. B. Abb. 11 und 12 zeigen, kann es vorkommen, daß die einfacher und billiger herzustellende glatte Welle ohne Nachteile angewendet werden kann, es wird sich dann aber auf wenige Sitze beschränken, wie auch die Skizzen zeigen. Schwierigere Fälle, für die vereinzelt die glatte, einheitliche Welle gebraucht wird, die aber schon nicht ganz einwandfrei und also weniger zu empfehlen sind, zeigt Abb. 13 und 14.

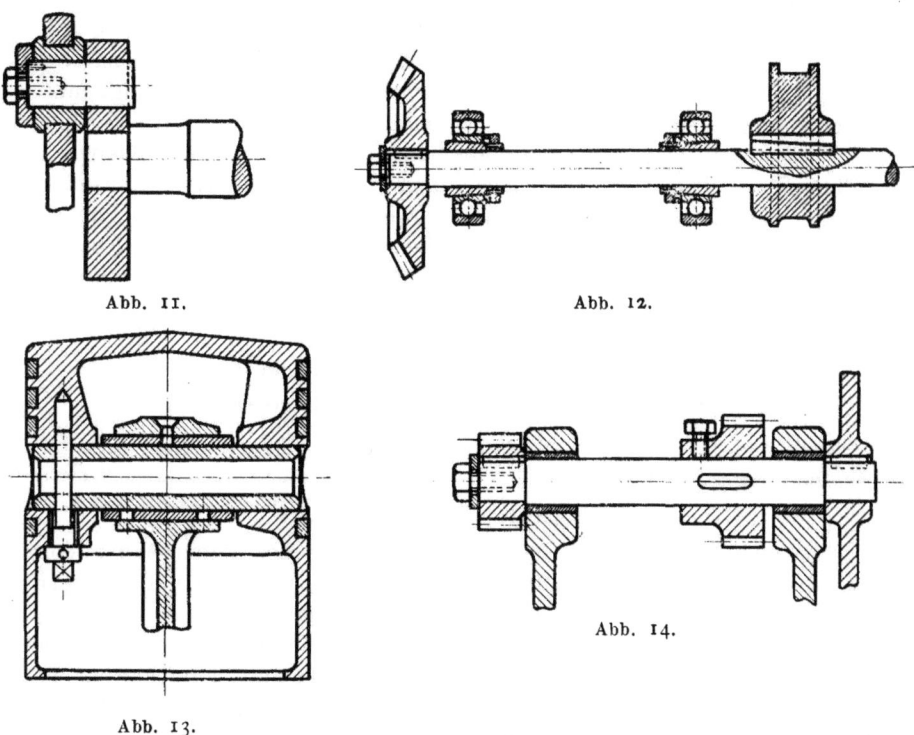

Abb. 11. Abb. 12.

Abb. 13. Abb. 14.

Ist in den ersten Beispielen das Entfernen eines gefressenen Lagers nicht schwieriger als bei der abgestuften Welle für einheitliche Bohrungen, so muß bei den zweiten Beispielen die Bohrung nicht nur von der gefressenen Lagerstelle entfernt, sondern noch über das ganze übrige Ende der Welle getrieben werden.

Die normale glatte Welle als Einheitswelle bleibt also für den besseren Maschinenbau stets von untergeordneter Bedeutung; sie kann ausschließlich nur Verwendung finden für Transmissionen, bei denen in der Hauptsache geteilte Bohrungen (geteilte Riemenscheiben und geteilte Lager) gebraucht werden, oder allenfalls noch bei ungeteilten Bohrungen, wenn nur bewegliche Sitze, Lauf- und Schiebesitz, Verwendung finden (wie bei Deckenvorgelegen und u. U. Steuerwellen).

Die vorbeschriebenen Nachteile der normalen Welle lassen sich dadurch beseitigen, daß sie auf andere normale Durchmesser abgestuft wird, wie dies auch beim Normal- oder Einbohrungssystem geschieht; bei letzterem genügt allerdings oft schon die Abstufung ohne Aenderung des nominellen Durchmessers Bei der normalen Welle bleibt aber in jedem Fall der für die Fabrikation so schwerwiegende Nachteil der Herstellung und des Messens der stets verschiedenen Bohrungen. Dieser Nachteil wird wahrscheinlich nie behoben werden können, denn es ist zur Zeit kein Mittel bekannt, mit dem ein unmittelbares Messen kleinerer Bohrungen mit genügender Genauigkeit und in einfacher Weise möglich ist. Aus diesen Gründen fertigt auch die Werkstätte beim Zusammenpassen meistens den Bolzen nach der Bohrung an und nicht umgekehrt die Bohrung nach dem Bolzen; letzteres kann nur vorgenommen werden, wenn für die Bohrung passende Reibahlen vorhanden sind, oder wenn die Bohrung nach vorhandenen Kalibern geschliffen wird

Würden diese Herstellungs- und Meßschwierigkeiten überwunden werden, so wäre das Normalwellensystem bis auf den vorerwähnten geringfügigen Nachteil der Abstufung des nominellen Durchmessers gleichwertig mit dem Normalbohrungssystem, so ist es aber nicht gleichwertig und gleichberechtigt mit dem Normalbohrungssystem und sollte daher auch nicht als vollwertiges System bestehen. Trotzdem muß jedoch die Möglichkeit gewahrt bleiben, jederzeit auch die glatte Welle als Konstruktionselement anzuwenden, denn eine Transmissionswelle muß als glatte Welle ausgeführt werden. Soll dagegen das Lager normalisiert werden, so kommt hierfür natürlich nur eine Bohrung in Frage, und zwar ist die Normalbohrung vorzuziehen. Hieraus ergibt sich die Laufwelle als Transmissionswelle.

Normalbohrung = »Normal-Einheitssystem« und Ergänzungsbohrungen für Laufwelle.

Nach den vorerwähnten Vor- und Nachteilen ist es daher ratsam, das Normalbohrungssystem als

»Normales Einheitssystem«

anzusehen und für Fälle, in denen die Verwendung der glatten Welle Vorteile bietet, die Laufwelle als Normalwelle anzunehmen und einige Ergänzungsbohrungen vorzusehen, die sich von der Normalbohrung durch das Vorzeichen unterscheiden, also durch das —-Zeichen gekennzeichnet werden, während die Normalbohrung mit ihrem +-Vorzeichen als Laufbohrung beibehalten wird. Es kämen drei Bohrungen für Schiebesitz, Festsitz und Preßsitz (SB, FB und PB) als Ergänzungsbohrungen hinzu. Dies sind die in der Zahlentafel Abb. 9, S. 16, bereits mit aufgeführten Ergänzungsbohrungen.

Durch diese Maßnahme fallen Transmissionswellen und Lager nicht mehr, wie bisher, aus dem Normalbohrungssystem heraus; die Abmessungen sind die gleichen, wie im gewöhnlichen Maschinenbau, es können also die für Transmissionen gebräuchlichen Stehlager ohne weiteres als Maschinenwellenlager verwendet werden, ohne daß der Konstrukteur für die Ausführung der Wellenzapfen andere Abmessungen vorzusehen hat, als allgemein für Lagerzapfen im Maschinenbau üblich; abweichend sind nur die Bohrungen der Riemenscheiben und Kupplungen; für letztere wird zweckmäßig allgemein die »feste Bohrung« als normal angenommen, so daß es also auch hierfür nur eine Passung gibt. Blank gezogene Wellen, die, wie vorangegeben, nach der Passung — o/5 ausgeführt werden sollen, können ohne weiteres für untergeordnete Transmissionsstränge verwendet werden; die Passung dieser gezogenen Wellen schwankt etwa zwischen leichtem Laufsitz und Schiebesitz und fällt im Mittel mit der oberen Grenze des leichten Laufsitzes zusammen.

Soll eine möglichst große Einheitlichkeit und damit die größtmöglichen Vorteile und eine möglichst weitgehende Auswechselbarkeit erzielt werden, so darf in der gesamten Industrie nur ein einheitlich aufgestelltes System als Hauptsystem für die Grenzen der Ausführung der einzelnen Teile vorhanden sein, und für Teile, für die eine abweichende Passung vorteilhafter ist, muß diese allgemein für derartige Teile festgelegt und angenommen werden. Jeder Techniker, jeder Arbeiter muß mit dem System vertraut sein; es muß nicht nur auf den höheren Schulen sondern auch schon auf den Fortbildungsschulen, wenn auch auf letzteren nur in den engsten Umrissen, gelehrt werden. Fälle, in denen der Konstrukteur einen Lagerzapfen mit L versieht, im übrigen angibt: »Als Lager ist Nr.... von Transmissionsfirma ..... zu verwenden,« und der Monteur später bei der Montage die Teile mit »Murx!« bezeichnet, weil Lager und Welle nach verschiedenen Passungssystemen angefertigt sind und daher zu leicht zueinander gehen, dürfen nicht vorkommen, denn dadurch kommen nicht nur die guten Transmissionslager, sondern überhaupt Normalteile in Mißkredit, und die Einführung wird wesentlich erschwert.

Gewindepassungen.

Ein wichtiges, allgemein gebrauchtes Maschinenteil sind Schrauben und Muttern. Schrauben und Muttern werden heute noch fast allgemein nach Normal-Gewindekalibern hergestellt, und dadurch ist die Auswechselbarkeit einigermaßen gesichert, jedoch werden nach der anderen Richtung im allgemeinen weder für Bolzen noch für Muttern irgendwelche Grenzen angegeben; es wird in besseren Werkstätten höchstens in einzelnen besonderen Fällen angegeben: »Der Gewindedurchmesser des Bolzens ist $\frac{1}{10}$ mm oder $\frac{2}{10}$ mm unter normal zu halten«. Es kommt daher nicht selten vor, daß Muttern und Bolzen zu locker zueinander gehen. Dieser unter dem Spitznamen »Steckgewinde« bekannten Entartung müssen ebenfalls Grenzen gesteckt werden.

Als Mindestspiel zwischen den Schrauben und Muttern in den Gewindeflanken kann bei normaler, handelsüblicher Ware, im Durchmesser gemessen, 2 PE, bei guter Arbeit $1\frac{1}{2}$ PE angenommen werden. Als Toleranz für normale Schrauben nach der $-$-Richtung und für Muttern nach der $+$-Richtung können 5 PE, bei besonders gut geschnittenen Schrauben etwa $\frac{2}{3}$ so viel $= \infty \; 3\frac{1}{4}$ PE zugelassen werden, so daß bei normalen Schrauben ein Gesamtspiel bis zu 12 PE und bei besonders sorgfältig geschnittenen Schrauben bis zu 8 PE entstehen kann. Dies sind bei 20 mm Schraubendmr. 0,18 bezw. 0,12 mm, und bei etwa 30 mm Dmr. 0,24 bezw. 0,16 mm. Für den Außendurchmesser bei voll ausgeschnittenen Gewinden und für den Kerndurchmesser muß ein Mindestspiel von $\frac{1}{3}$ der gesamten Flankendurchmessertoleranz vorgesehen sein, da es andernfalls vorkommen kann, daß die Gewindegänge in den Spitzen tragen statt in den Flanken. Die Toleranz selbst wird zweckmäßig gleich der Flankendurchmessertoleranz gewählt.

Außer in den Durchmessern treten bei Gewinden noch Abweichungen in den Längen auf. Diese entstehen nicht nur durch die geringen Abweichungen der Leitspindeln der Drehbänke sondern auch durch das Verziehen der Gewindebohrer beim Härten und durch das Strecken des Werkstoffes beim Schneiden mit Schneideisen, so daß in der Praxis Gewinde, die auf eine Länge von mehr als 2 D tragen sollen, nur mittels der Leitspindel, und zwar möglichst Mutter und Bolzen auf einer und derselben Maschine geschnitten werden. Ein gestrecktes Gewinde ist genau so schädlich wie ein verkürztes Gewinde. Ein Strecken kommt häufiger vor, doch lassen sich beide Fälle in der Praxis nicht vermeiden, da sie nicht vom Messen und von der Obacht des Arbeiters allein abhängig sind sondern vielfach von dem Stahl, aus dem die Schneidwerkzeuge gemacht sind, und von deren Schnittfähigkeit oder von dem Stoff, welcher damit bearbeitet wird. Wir haben hier einen Fall, bei dem die gleichzeitige Anwendung oder Zulassung von + und − unvermeidlich ist. Ein Gewindebolzen, dessen Gewinde in der Längsrichtung abweicht, geht nur in eine normalgeschnittene Mutter hinein, wenn der Flankendurchmesser entsprechend kleiner gehalten ist. Zu einer bestimmten Steigungsabweichung gehört auch eine ganz bestimmte Mindestabweichung des Flankendurchmessers, und zwar ist diese abhängig von dem Gewindewinkel. Die Steigungsabweichung auf die Gebrauchslänge ist gleich der Flankendurchmesserabweichung multipliziert mit dem Tangens des halben Gewindewinkels. Bei $3\frac{1}{4}$ PE Flankentoleranz und einem Gewindewinkel von 60° ergibt sich also eine Steigungstoleranz von $\pm 3\frac{1}{4} \times \text{tg } 30°$ = $\infty \pm 1\frac{3}{4}$ PE. Da nun ein Gewinde mit Steigungsfehler, das in der Mutter zu stramm geht, sich durch das zwangsweise Aufschrauben der Mutter etwas setzt, so kann die Steigungsabweichung auf 2 PE erhöht werden. In gleicher Weise ergibt sich für normale Ausführung $\pm 5 \times \text{tg } 30°$ = ∞ 3 PE. Die Steigungsabweichung darf jedoch auch in keinem Fall zu groß werden, da es andernfalls bei sprödem Stoff vorkommen kann, daß sich die nur teilweise tragenden Gänge abscheren; sie sollte in keinem Falle ± 0,1 mm auf eine Länge gleich dem Durchmesser überschreiten, auch wenn die Flankentoleranz eine größere Steigungsabweichung zulassen würde. Die größte Steigungsabweichung darf nur eintreten bei gleichzeitig größtem Flankendurchmesserunterschied.

Die Passungen für normale Gewinde würden sich danach im Passungsmaß etwa folgendermaßen, wie in Zahlentafel Abb. 15 für gute, normale und rohe Ausführung wiedergegeben, gestalten.

Ausführung	Teil	Außen ϕ	Kern ϕ	Flanken ϕ	Steigungsabweichung auf Länge=Durchm.
Gut	Bolzen	− 2/3¼	− 2/3¼	− ⅔/3¼	± 2 PE
	Mutter	+ 2/3¼	+ 2/3¼	+ ⅔/3¼	
Normal	Bolzen	− 3/5	− 3/5	− 1/5	± 3 PE
	Mutter	+ 3/5	+ 3/5	+ 1/5	
Roh	Bolzen	− 4/8	− 4/8	− 1½/8	± 4 PE
	Mutter	+ 4/8	+ 4/8	+ 1½/8	

Abb. 15. Zahlentafel für normale Schraubengewinde.

Diese Zahlen gelten für normale Schraubengewinde mit normalen Steigungen zwischen S. I.- und Whitworth-Gewinde, und zwar für voll ausgeschnittene Gewinde. Bei Arbeitsteilen kann in vielen Fällen ohne Nachteil außer dem Mindestspiel bei Außengewinden eine Abflachung der äußeren Gewindespitzen und bei Innengewinde eine Abflachung der inneren Spitzen zugelassen werden, auf den Durchmesser bezogen, bis 30 PE. Bei guter Ausführung sollten 10 PE und bei normaler Ausführung 20 PE als äußerste Abflachung gelten. In dem Gewindegrund sollten jedoch aus Festigkeitsrücksichten die in der Zahlentafel angegebenen Werte nicht überschritten werden; dies ist auch in den meisten Fällen ohne weiteres durch die Form der Schneidwerkzeuge vermieden. Für Durchmesser mit feineren Steigungen, wie solche viel im Maschinenbau gebraucht werden, ist eine Passung zu wählen, die der Passung für den normalen Schraubendurchmesser entspricht, der die gleiche Steigung hat, jedoch ist für die Längenpassung vielfach eine größere Länge zugrunde zu legen, die der gesamten benutzten Länge für den gerade vorliegenden Fall gleichkommt.

Vorstehende Werte im Passungsmaß geben für gröbere Gewinde im Verhältnis zur Gangtiefe etwas kleinere Toleranzen als für feinere Steigungen, doch weichen sie nur wenig von der Proportionalen ab, da die Steigungen der normalen Schrauben selbst einer Passungskurve entsprechen; es können daher besonders bei Spezialgewinden die Toleranzen direkt proportional zur Steigung oder Tiefe des Gewindezahnes genommen werden. In diesem Falle ist, bezogen auf den Durchmesser, 1 PE gleich 0,0075 dem Unterschied zwischen Außen- und Kerndurchmesser, das ist gleich 0,015 der Gewindezahntiefe, und da die Zahntiefe im allgemeinen gleich $\frac{2}{3}$ Steigung ist, so ist 1 PE gleich 0,01 Steigung zu setzen. Auf den einzelnen Gewindezahn entfallen hiervon die halben Werte, also 0,0075 der Zahntiefe bezw. 0,005 der Steigung.

Gewindesteigung.

Das Gewinde selbst, also die Steigung, entspricht in gewissem Sinne dem Warm- oder Schrumpfsitz, denn es soll die volle Kraft, die in den Bolzen hineinkommt und von dem Kerndurchmesser des Gewindes sowie dem Kopf des Bolzens aufgenommen wird, auch auf die Mutter übertragen. Für den Verlauf der Passungskurven für die Stärke des Gewindeganges kommt zu der Kraftübertragung noch die Zugabe, die durch die Herstellungsschwierigkeiten (Einhalten der Maße und Unebenheiten der Oberflächen) bedingt sind. Diese sind bei kleineren Durchmessern, wie bei den bisher besprochenen Passungen verhältnismäßig größer als bei größeren Durchmessern und, wie schon der Sprachgebrauch andeutet, etwa 100fach so groß wie bei der Herstellung eines glatten Bolzens.

Schrumpfsitz.

Die Passung für den Schrumpfsitz setzt sich zusammen aus einer Größe, die den Ausführungsschwierigkeiten hinsichtlich des Einhaltens des Durchmessers entspricht, einer Größe, die die Unebenheiten und die Rauheit der Oberflächen berücksichtigt, sowie einer Größe, die proportional dem Durchmesser ist und die Spannung zwischen den beiden Teilen hervorruft.

Der Schrumpfsitz entspricht also dem Preßsitz mit einer dem Durchmesser proportionalen Zugabe. Die Unebenheiten und Rauheiten der Oberflächen drücken sich beim Schrumpfsitz infolge der Rotwärme des einen Teiles und der durch das Zusammenschrumpfen entstehenden großen Spannung fest ineinander. Die kleinen Vertiefungen der rauhen Oberflächen werden dadurch sämtlich ausgefüllt, und es geht also die Zugabe für Rauheit und Unebenheiten der Oberfläche an dem Durchmesser und somit an der Spannung verloren, wenn diese Zugabe auch für das Festhalten der beiden Teile gegen Verschieben und Verdrehen zum Teil wieder nutzbar wird. Für die Spannung bleibt daher ohne die durch die Toleranz der Ausführung entstehenden Abweichungen nur die dem Durchmesser proportionale Größe übrig. Diese Größe schwankt nach Zusammenstellungen von Schlesinger bei den verschiedenen Firmen zwischen $\frac{3}{1000}$ und $\frac{1}{1000}$ vom Durchmesser der zusammenzuschrumpfenden Teile. Die kleineren Werte können nur bei spröden Stoffen, von denen an und für sich keine größeren Kraftübertragungen verlangt werden, oder bei sehr langen Paßflächen in Frage kommen, während die größere Zahl nur für hohle Körper paßt, da sie bei vollen Körpern viel zu hohe Spannungen ergibt. Man sollte im allgemeinen für Stahl und sonstige schmiedbare Körper mit dieser Spannungszugabe nicht über $\frac{1}{1000} D$, bei Gußeisen und spröden Stoffen nicht über $\frac{1}{2000} D$ gehen und ersteren mit »normalem Warmsitz«, letzteren mit »leichtem Warmsitz« bezeichnen. Beihohlen, d. h. im Verhältnis zum Durchmesser dünnwandigen inneren Teilen kann die Spannungszugabe mit dem $1\frac{1}{2}$-fachen, bei gutem Außenmaterial in einzelnen besonderen Fällen u. U. bis zu den doppelten Werten gewählt werden.

Wird für die Bohrung des äußeren Teiles der mittlere Paßwert für gute Arbeit = 1 PE eingesetzt, so ergibt sich für den normalen Warmsitz als untere Grenze $2 \text{ PE} + \frac{1}{1000} D$ und für den leichten Warmsitz $2 \text{ PE} + \frac{1}{2000} D$. Beide Werte sind selbstverständlich +-Werte; hierzu kommt noch die Toleranz für die Ausführung der Welle, die wohl in den meisten Fällen = 1 PE gewählt werden wird. Es sei hier kurz erwähnt, daß die vorher als dem Schrumpfsitz in der Beanspruchung ähnelnden Gewindesteigungen genau in die gleiche Kurvenart hineinfallen. Die Steigung des Whitworth-Gewindes entspricht

$$65 \times (2 \text{ PE} + \tfrac{1}{1100} D),$$

die des S. I.-Gewindes

$$65 \times (2 \text{ PE} + \tfrac{1}{1400} D).$$

Hierin sind für PE und für D die Kerndurchmesser der Gewinde zu nehmen.

Schwierigkeit bei Spannungssitzen.

Bei allen Spannungssitzen, also Preßsitzen und Schrumpfsitzen, können Fälle vorkommen, bei denen die normalen Werte nicht befriedigen; es will jeder neue Fall gut überlegt sein, und es gehören gewisse Erfahrungen dazu, um in allen Fällen gleich das Richtige zu treffen. Es ist dies auch wohl der Grund dafür, daß bisher beim Preßsitz die Ansichten schon sehr auseinander gingen und über den Schrumpfsitz überhaupt noch keine einheitlichen Angaben vorliegen, sondern jede Firma sich für ihre verschiedenen Sonderfälle ihre Erfahrungen selbst zusammenstellt. Auch ob ein Teil, welches eingepreßt wird, kegelig oder zylindrisch gehalten werden soll, läßt sich nur von Fall zu Fall entscheiden. Ob das äußere Teil stärker in der Wandung ist oder das innere, ob die Wandung ungleichmäßig ist, das eine Teil auf dem einen Ende starr, auf dem anderen nachgiebig, d. h. hohl ist, ob das Teil, welches eingepreßt wird, z. B. eine Büchse, nach dem Einpressen nachgearbeitet werden kann oder nicht, alles spielt für die Wahl der Pressung und der Form des Teiles eine Rolle. Es sei nachstehend in Abb. 16 nur ein Beispiel gezeigt:

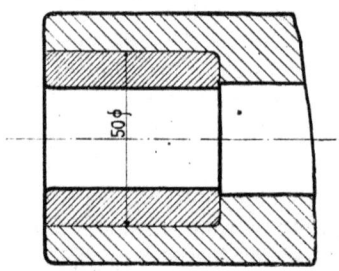

Abb. 16.

Eine gehärtete, verhältnismäßig starkwandige Lagerbüchse soll in einen Schaft wie gezeichnet hineingepreßt werden, und zwar mit einem Uebermaß von 0,15 mm. Wird die Büchse außen zylindrisch gehalten, so wandert sie meist schon beim Pressen, sofort nach Aufhören des Druckes, 2 bis 3 mm, teilweise sogar bis 4 mm, wieder aus der Bohrung heraus. Wird sie einige Male wieder hineingedrückt, so geht das Herausrutschen immer flotter, sie schnellt wie eine Feder nach jedem Druck zurück. Diese eigentümliche Erscheinung ist auf die stärkere Wand hinter der Büchse zurückzuführen, der vordere dünnere

Teil des Schaftes wird durch die eingepreßte Büchse gedehnt, der stärkere Teil bleibt in seiner alten Form, der Spannungsübergang in der Ecke ist zu plötzlich, es tritt an dieser Stelle ein starkes Zerren des Stoffes ein, die stärkere Wand zieht gewissermaßen das dünnere Material wieder von der Büchse ab, ähnlich wie ein auf einen glatten Schaft gesteckter Gummischlauch, der unmittelbar hinter dem glatten Schaft durch eine äußere Kraft zusammengeschnürt wird. Dieser Uebelstand läßt sich leicht beseitigen, indem dafür gesorgt wird, daß der Spannungsübergang allmählich erfolgt. Entweder der Ansatz muß fort, oder, wenn dies nicht möglich, die Büchse muß ganz oder teilweise kegelig gehalten werden, so daß in der Nähe des Absatzes durch das Einpressen der Büchse noch keine Spannung entsteht. Eine Abschrägung der Büchse auf 10 bis 15 mm Länge genügt schon. Am sanftesten ist natürlich der Uebergang, wenn die Büchse ganz kegelig gehalten wird, doch ist die Büchse dann nach dem Einpressen sehr verschieden zusammengepreßt und muß nachgeschliffen werden. Derartige Pressungen in der Nähe eines Absatzes sind überhaupt sehr gefährlich für die Haltbarkeit; das Teil reißt meist schon nach kurzem Gebrauch, besonders bei Erschütterungen in der Nähe dieses Absatzes ab. Abb. 17 zeigt ein in dieser Hinsicht sehr gefährliches Beispiel.

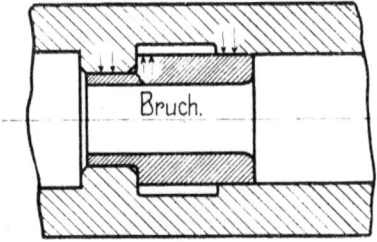

Abb. 17.

Diese Unsicherheit in der Wahl der Passungen für Spannungssitze, besonders für Schrumpfsitz, zwingen dazu, in vielen Fällen die Maße erst durch Versuche festzustellen, die Durchmesser nach Universalmeßwerkzeugen, wie Mikrometer, herzustellen und die Toleranzen in direktem Maß in den Zeichnungen anzugeben. Die Anschaffung ganzer Sätze von Lehren ist in solchen Fällen zwecklos; die Anschaffung einzelner Lehren für solche zusammenzuschrumpfenden Teile, die in Massen hergestellt werden, erfolgt besser erst dann, wenn sich die Abmessungen bewährt haben. Ueberhaupt ist es bei der Massenfabrikation nicht erforderlich, daß von vornherein große Summen in Toleranzlehren angelegt werden, denn es tritt bei der Massenfabrikation nicht leicht ein, daß von heute auf morgen plötzlich irgendwelche Abmessungen gebraucht werden, die bisher nicht vorkamen. Es ist also ratsam, nicht mehr Lehren zu beschaffen, als zurzeit gerade für die Fabrikation erforderlich sind. Beim Vorhandensein einer guten Werkzeugmacherei hat es sich als zweckmäßig erwiesen, rohe Lehren in verschiedenen Größen vorrätig zu halten, um jederzeit die geeigneten Lehren ohne großen Zeit- und Kostenaufwand herstellen zu können. Anders steht die Sache in Werkstätten, in denen nicht in Massen fabriziert wird, sondern zur Hauptsache noch Maschinen gebaut werden. Hier hat die Werkstätte täglich andere Abmessungen herzustellen, überhaupt ist die Ausführung hierbei in jeder Hinsicht mehr dem Gefühl der Werkstätte überlassen, denn es lohnt sich nicht, für eine oder zwei Maschinen die Zeichnungen so fein durchzuarbeiten, wie dies bei Zeichnungen für die Massenfabrikation geschieht, da sowieso gelernte Handwerker für die Ausführung dieser einzelnen Teile erforderlich sind. Wenn sich auch der Konstrukteur nach gewissen Normaldurchmessern richtet, die ihm vorgeschrieben sind, so muß die Werkstatt doch, wenn sie nach Toleranzen arbeiten will, für alle diese Normaldurchmesser die Lehren zur Verfügung haben. Dies ist nötig, da nicht alle Leute für das Messen mit Mikrometern geeignet sind und dieses zu zeitraubend ist; auch ist das Mikrometer ein zu kostspieliges, empfindliches Werkzeug, um täglich von all und jedem gebraucht zu werden. Es zeigen sich auch hier wieder die Nachteile des Bauens einzelner Maschinen gegenüber der Massenfabrikation.

Abstufung des Passungsmaßes.

Um die Toleranzen und das Passungsmaß für die Praxis brauchbar zu machen, müssen sie nach praktisch meßbaren Größen (etwa hundertstel Millimetern) abgestuft werden. Für ein möglichst sanftes Ansteigen der Passung zwischen Welle und Bohrung wäre es wünschenswert, daß ihre Toleranzen soweit sie nach verschiedenen Richtungen liegen, versetzt zueinander abgestuft würden. Soweit die Toleranzen von Welle und Bohrung nach der gleichen Richtung liegen, ist eine Abstufung beider Toleranzen an den gleichen Stellen richtiger. Man würde also für alle beweglichen Sitze gegenüber der Normalbohrung geringe Vorteile hinsichtlich gleichmäßiger Abstufung (doppelte Anzahl Stufen) der Spielräume zwischen Welle und Bohrung erhalten, wenn sämtliche $+$-Passungen gleichzeitig und ebenfalls alle $-$-Passungen gleichzeitig, jedoch versetzt zu den $+$-Passungen, abgestuft würden. Auf diesen mehr theoretischen Vorteil soll verzichtet werden, denn durch die einheitliche Abstufung der $+$- und der $-$-Passungen ergibt sich eine größere Einfachheit und Uebersichtlichkeit; es gibt dann für einen Durchmesser nur eine einzige Paßeinheit, während andernfalls die $-$-Passungen zum Teil von den $+$-Passungen der gleichen Durchmesser abweichen würden.

Die normale Abstufung der Paßeinheit in metrischem Maß soll unter 10 mm Dmr. mit $\frac{1}{400}$ mm, von 10 bis 100 mm Dmr. mit $\frac{1}{200}$ mm und über 100 mm Dmr. mit $\frac{1}{100}$ mm erfolgen. In nachstehender Zahlentafel, Abb. 18 sowie in Tafel III, S. 41, sind die in dieser Weise entstehenden metrischen Maße der Paßeinheit für die verschiedensten Durchmesser angeben. Diese sind bis 2750 mm Dmr. aufgeführt, da der Schrumpfsitz für Lokomotivräder und große Zylinderbüchsen sowie der leichte Laufsitz für Kolben noch nahezu bis zu diesen Abmessungen vorkommen.

In Sonderfällen kann jederzeit auf die Originalpassung Tafel I u. II, S. 39 u. 40, zurückgegriffen werden, oder es können fein abgestufte Paßeinheiten nach der

bis 4 ᵐ/ₘ ⌀	über 4-7	über 7-14	über 14-27	über 27-45	über 45-70	über 70-110
0,005 ᵐ/ₘ	0,007(5)	0,01	0,015	0,02	0,025	0,03
über 110-180	über 180-270	über 270-380	über 380-500	über 500-650	über 650-800	über 800-1000
0,04	0,05	0,06	0,07	0,08	0,09	0,1
über 1000-1200	über 1200-1400	über 1400-1650	über 1650-1900	über 1900-2150	über 2150-2450	über 2450-2750
0,11	0,12	0,13	0,14	0,15	0,16	0,17 ᵐ/ₘ
In Spezialfällen noch bis 1,5 mm ⌀ eine Passeinheit von 0,0025 mm.						

Abb. 18. Zahlentafel für abgestufte Paßeinheiten.

Zahlentafel Abb. 19 genommen werden. Dies scheint in manchen Fällen zweckmäßig zu sein, in denen die Toleranz mehr als 10 PE ausmacht, und ist z. B. beim Edisongewinde angebracht, damit ein gleichmäßigeres Verhältnis zwischen den drei Gewindegrößen entsteht und nicht durch den Sprung der Passung die Verhältnisse entstehen, wie sie in Schlesinger, S. 38[1]), angedeutet sind.

bis 0,25	0,6	1,1	1,8	2,7	3,8	5,-	6,5	8,-	11,-
0,001	0,002	0,003	0,004	0,005	0,006	0,007	0,008	0,009	0,01
bis 15	20	26	33	40	48	56	66	76	95
0,012	0,014	0,016	0,018	0,02	0,022	0,024	0,026	0,028	0,03
bis 125	160	200	250	300	350	410	470	540	650
0,035	0,04	0,045	0,05	0,055	0,06	0,065	0,07	0,075	0,08
bis 800	1000	1200	1400	1650	1900	2150	2450	2750	3000
0,09	0,1	0,11	0,12	0,13	0,14	0,15	0,16	0,17	0,18

Abb. 19. Fein abgestufte Paßeinheiten.

Passungen für verschiedene Industrien.

Nachdem nun eine gemeinschaftliche Grundlage für sämtliche vorkommenden Passungen und Toleranzen aufgestellt ist, die einzelnen Passungen in klarer, unzweideutiger Weise allgemein ausgedrückt werden können, und die Passungseinheit für alle vorkommenden Durchmesser in metrischen Maßen festgelegt ist, können die einzelnen Industrien an Hand dieser festgelegten Maßstäbe für ihre Fabrikate die geeigneten Passungen bestimmen, wie dies schon an früherer Stelle in dieser Abhandlung in einem Beispiel für den Maschinenbau angegeben wurde. Die einzelnen Industrien werden sich dann zweckmäßig tafellartige Auszüge machen, die nur das übersichtlich zusammengestellt enthalten, was gerade für diesen Industriezweig von Wichtigkeit ist. Das beliebige wilde Greifen von Toleranzen, das Nebeneinanderstehen der verschiedenartigsten Toleranzen in einer und derselben Industrie, deren Wahl bisher dem Glück und Geschick sowie den Ansichten und Erfahrungen fast jedes Einzelnen überlassen war, und somit das Aneinandervorbeiarbeiten ist durch eine Festlegung, wie dies in der vorliegenden Arbeit bezweckt ist, ein für allemal beseitigt.

Passungen des Maschinenbaues.

Nachstehend sind als Beispiele für die Aufstellung solcher Passungstafeln wieder diejenigen des Maschinenbaues gewählt, da dieser Industriezweig nicht nur die größte Anzahl von Passungen benötigt sondern auch diese Passungen für Teile von den kleinsten bis zu den größten Abmessungen gebraucht.

Maschinenbau ist ein sehr weiter Begriff; er umfaßt fast alles, was Metalle verarbeitet, ausgenommen Edelmetalle. Unter Maschinenbau fallen die äußerst sorgfältig und genau gearbeiteten Meßmaschinen und die Präzisionsmaschinen für die Herstellung von Teilen für Taschenuhren usw. als auch die grob ausgeführten Walzwerke und landwirtschaftlichen Maschinen. Hieraus ist ohne weiteres zu ersehen, daß man mit etwa einem halben Dutzend Passungen für den Maschinenbau nicht auskommt.

---

[1]) Forschungsarbeiten Heft 193/94.

Der Maschinenbau muß daher unterteilt werden, etwa nach folgenden vier Gruppen: **Präzisionsmaschinen, Feinmaschinen, Normalmaschinen und Grobmaschinen**. Für diese einzelnen Gruppen müssen die Passungen festgelegt werden, jedoch so, daß unter diesen Gruppen eine gewisse Auswechselbarkeit gesichert ist, d. h. Teile des Feinmaschinenbaues müssen ohne weiteres für den Grobmaschinenbau verwendet werden können. Es muß also, wie in Tafel IV, S. 42, gezeigt, der Abstand der einzelnen Passungen von der O-Linie bei allen vier Gruppen der gleiche sein.

Tafel V, S. 43, zeigt eine Uebersicht der Passungen der vier Gruppen.

Für jede dieser Maschinengruppen werden zweckmäßig gesonderte Passungstafeln aufgestellt, und zwar für die Durchmesser bis 110 mm, von 110 bis 1000 mm und von 1000 bis 2750 mm, und diese u. a. nochmals getrennt nach wichtigen und weniger häufig gebrauchten Passungen, so daß die einzelnen Tafeln möglichst klar und übersichtlich ausfallen und jeder sich von vornherein die Tafeln aussuchen kann, die für seine Maschinenart in Frage kommen. Die Zahlen sind in nachfolgenden Tafeln VI bis XVIII, S. 44 bis 56, in 10tel, 100stel und 1000stel mm angegeben, werden jedoch für das Eintragen in Werkstattszeichnungen zweckmäßig, soweit dies zulässig, auf 10tel und 100stel mm abgerundet; wo dies nicht angängig, ist es zu empfehlen, die nächsten Ziffern, dem Sprachgebrauch der Werkstätten bei der Verwendung von Mikrometern und Schieblehren entsprechend, in echten Brüchen anzugeben, und zwar abgerundet in $\frac{1}{4}$, $\frac{1}{2}$ und $\frac{3}{4}$ also $0.0\frac{3}{4}$ anstatt 0.0075 und $0.01\frac{1}{2}$ anstatt 0.016, da das Lesen und Messen hierdurch der Werkstätte erleichtert wird.

Diese Tafeln werden als Normaltafeln gedruckt. Sie enthalten alle für diesen Industriezweig festgelegten Passungen; jede Firma wählt die für sie in Frage kommenden Tafeln und, falls sie auch von diesen Tafeln nicht sämtliche Passungen benötigt, werden die für sie in Frage kommenden durch farbige Umrandung oder in ähnlicher Weise besonders hervorgehoben.

Außerdem wird für den Maschinenbau zweckmäßig eine Tafel aufgestellt die die Passungen von Zubehörteilen und sogenannten Normalteilen enthält.

Das Messen und das Lehren der Teile.

Für das Messen werden außer den Universallehren, wie Schiebelehren, und Mikrometern, in der Hauptsache Lehrbolzen und Lehrringe, Rachen- oder Gabellehren und Flachlehren sowie Endmaße benutzt. Näher auf die Einzelheiten einzugehen, erübrigt sich, da sie bereits in dem erwähnten Forschungsheft von Prof. Dr.-Ing. Schlesinger[1), sowie ganz besonders eingehend in den Aufsätzen von Dr.-Ing. Crain im Jahrgang 1911 der »Werkstattstechnik« behandelt sind. Es sei nur kurz erwähnt, daß die Lehren mit verhältnismäßig kleinen Meßflächen das genauste Messen gestatten, während Kaliberbolzen je nach der Herstellungsart und der Oberfläche des zu messenden Teiles mehr oder weniger gute Ergebnisse zeigen, die je nach der Größe der Durchmesser und der Länge der Meßflächen sowie der Sorgfalt der bearbeiteten Flächen zwischen 0,02 und 0,002 von dem wirklichen Maß abweichen, da sich ein Lehrbolzen infolge seiner großen Anlagefläche auf einige wenige äußerste Spitzen und Buckel legt und im übrigen die Flächen nicht berührt.

Lehren für Innenmessungen.

Bei einer sorgfältig geschliffenen und polierten Bohrung ergibt sich zwischen Bolzen und Ring ein Meßunterschied von nur etwa 0,002 mm. Ent-

---
[1) Forschungsarbeiten, Heft 193/94.

gegengesetzt verhalten sich die Endmaße, die keine Flächen zum Messen, sondern Punktberührung mit dem Arbeitstück haben; diese drücken die Spitzen der Rauheiten beiseite und dringen in die tiefsten Stellen ein. Dies letzterwähnte Meßwerkzeug ist für Toleranzlehren unbrauchbar und muß ganz vermieden werden. Lehrbolzen und Ringe sollten auf kleine Abmessungen beschränkt bleiben.

Es ist nicht ratsam, die Revisions-Lehrbolzen um 0,01 oder 0,02 mm kleiner und die Ringe um das gleiche Maß größer zu halten; diese geben dann wohl für eine Schlichtarbeit annähernd richtige Werte, nicht aber bei einer sauberen Schleifarbeit; hierfür müßten die Lehrenmaße wesentlich näher dem wirklichen Maß liegen. Richtiger ist es, die Meßwerkzeuge so auszugestalten, daß sie möglichst geringe Meßunterschiede ergeben. Dies kann bei Lehrbolzen zum Teil dadurch erreicht werden, daß die Meßflächen durch Einfräsen von kräftigen Nuten verkleinert werden oder daß in den an sich kleiner gehaltenen Lehrbolzen Meßleisten eingelegt werden, wie in den Abbildungen 20 und 21 dargestellt ist. Die Breite der stehenbleibenden Flächen sollte höchstens gleich

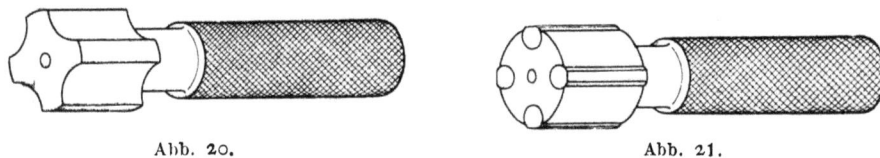

Abb. 20.   Abb. 21.

$\sqrt{D} + 3$ mm gemacht werden, als Länge kann $\frac{D}{2} + 10$ mm gelten. Ringe werden zweckmäßig möglichst kurz gehalten, um keine allzugroßen Anlageflächen zu erhalten, etwa $\sqrt{D} + 5$ mm, oder erhalten ebenfalls Meßleisten. Für den Werkstättengebrauch können für die einzelnen Fälle dann nach den Arbeitstücken volle Kaliber hergestellt werden, auf denen jedoch, außer den Nennmaßen, die Abweichungen angegeben sein müssen. Immerhin bleiben für Lehrbolzen und Lehrringe die Schwierigkeiten des Ansetzens, da schon die geringste Schiefstellung ein Festsetzen beim Ansetzen verursacht.

Viel zu wenig Beachtung haben bisher die Kugellehren gefunden, welche vor einigen Jahren von der Firma Riebe auf den Markt gebracht wurden. Es sind die einzigen Lehren für Innenmessungen, welche ein flottes, sicheres Arbeiten gestatten. Wenn diese Lehren auch unverkennbar gewisse Nachteile haben, die sich jedoch zum Teil beseitigen lassen, so muß dem schnellen, sicheren Gebrauch bei der Massenfabrikation von austauschbaren Teilen doch großer Wert beigelegt werden.

Diese Kugellehren setzen in jeder Lage sofort richtig und ohne zu ecken an und geben infolge ihrer Linienberührung ein wesentlich genaueres Messen, d. h. das Maß des Arbeitstückes, in das die Lehre schließend hineingeht, liegt dem wirklichen Maß der Lehre viel näher, als dies beim zylindrischen Kaliberbolzen der Fall ist. Entgegen der Riebeschen Kugellehre muß jedoch die Kugel abgeflacht werden, es muß eine Scheibe mit kugelförmigem Rand verwendet werden. Bis 110 mm wird man diese Scheibe mit ununterbrochenem Kugelring ausführen, Breite etwa $\sqrt{D} + 5$ mm für die Gutseite und etwa $\frac{2}{3}$ davon für die Ausschußseite; über 110 mm hinaus wird man jedoch den Rand, wie bei den vorangegebenen Kaliberbolzen, mit vier Aussparungen versehen, so daß zwei über kreuz gelegte Kugelflächenendmaße übrigbleiben. Diese Kreuzmaße haben gegenüber den einfachen Kugelflächenendmaßen den gleichen Vorteil, wie die Kugellehren gegenüber den zylindrischen Kalibern; sie gestatten ein flottes Arbeiten und ecken nicht beim Ansetzen. Die Kreuze werden zweckmäßig geschmiedet oder in Guß hergestellt und mit gehärteten Meßbacken versehen, welche 12 bis 15 mm im Quadrat sind und nach dem Einsetzen in das Kreuz geschliffen werden. Das Schleifen gestaltet sich sehr einfach, wenn die Kreuze mit einer Bohrung versehen werden, die für den Schleifdorn gebraucht werden kann und bei den kleineren Lehren gleichzeitig zur Aufnahme des Handgriffes dient.

In den Abb. 22 bis 24 sind solche Kugellehren dargestellt.

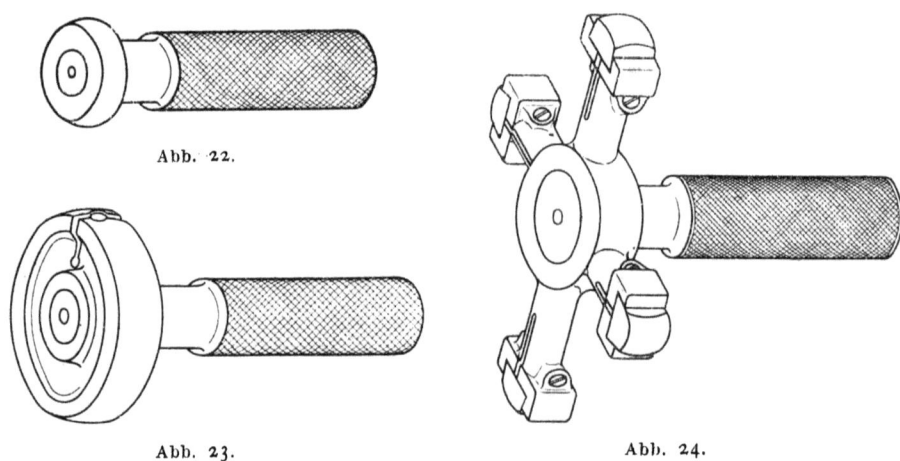

Abb. 22.

Abb. 23.   Abb. 24.

Lehren für Außenmessungen.

Zum Messen der Außendurchmesser werden außer den bereits erwähnten Lehrringen Rachenlehren benutzt, und zwar für Grenzmaße fast ausschließlich letztere. Diese Rachenlehren gestatten bei sachgemäßer Benutzung ein sehr genaues Messen, da sie nur mit einer kurzen Linie mit dem Arbeitstück in Be-

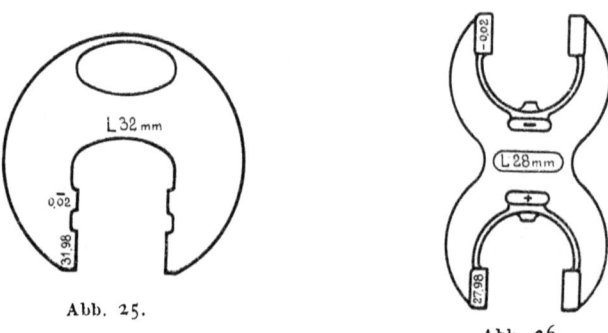

Abb. 25.   Abb. 26.

rührung kommen. Es gibt einseitige Rachenlehren, Abb. 25, mit entsprechend den Grenzen abgestuftem Maul, und Doppelrachenlehren, Abb. 26, bei denen der eine Rachen die untere, der andere Rachen die obere Grenze hat. Am sichersten für ein zuverlässig genaues Messen sind die einseitigen Rachenlehren, da sie am wenigsten Gelegenheit zum Hinüberzwängen bieten, während die Doppelrachenlehren nicht selten mit der ganzen Hand am anderen Rachen gepackt werden, wodurch nicht nur ein gefühlvolles Messen ausgeschlossen ist, sondern sogar durch das Hinaufzwängen die Lehre vollständig verdorben werden kann; auch wird mit diesen Doppelrachenlehren wegen der kräftigen Faßmöglichkeit immer wieder von den Arbeitern versucht, die Lehre während des Laufens des Arbeitstückes zu gebrauchen, und hierdurch mancher Unfall hervorgerufen. Die einfache Rachenlehre mit abgesetztem Maul in der bisherigen Form hat den Nachteil, daß bei ausgeschlissenen Höchstgrenzen durch das Nachrichten des Rachens beide Grenzen unstimmig werden und nachgeschliffen werden müssen, während bei der Doppelrachenlehre beide Grenzen unabhängig voneinander sind. Dieser Uebelstand läßt sich dadurch beseitigen, daß beide

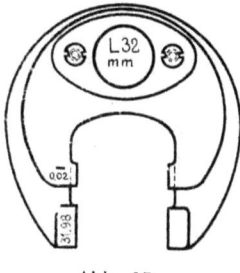
Abb. 27.

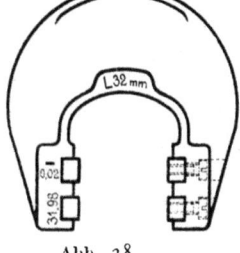
Abb. 28.

Rachen unabhängig voneinander hergestellt werden und darauf ineinander oder nebeneinander gelegt und verbunden werden, ähnlich wie Abb. 27 dies darstellt, oder daß die Meßbacken auswechselbar gemacht werden, wie dies bereits verschiedentlich bei größeren Lehren üblich ist und in Abb. 28 gezeigt ist. In letzter Zeit sind auch recht brauchbare einstellbare Rachenlehren auf den Markt gebracht, doch werden diese zweckmäßig stets mit Gegenlehre ausgegeben. Bei Toleranzen von weniger als $\frac{1}{100}$ mm haben sich Meßuhr und Minimeter als besonders vorteilhaft und geeignet gezeigt.

Lehren für Gewinde.

Für das Prüfen von Gewinden mittels Grenzlehren wären Grenzlehren für den Außendurchmesser, den Kerndurchmesser, den Flankendurchmesser, die Steigung und schließlich noch für den Gewindewinkel erforderlich. Diese Prüfung würde viel zu umfangreich, zeitraubend und kostspielig sein, so daß man sich mit anderen Mitteln helfen muß. Da die gesamten Abmessungen eines Spitzgewindes in gewisser Abhängigkeit voneinander stehen, so genügt es im allgemeinen, die Grenzen eines Maßes nachzuprüfen und im übrigen das Gewinde nur mit einem guten Negativ zu vergleichen.

Bei Gewinden bedient man sich daher hauptsächlich der Gewindelehrbolzen und Gewindelehrringe und prüft bei Bolzengewinden noch den Außendurchmesser und bei Muttergewinden noch den Kerndurchmesser mittels Grenzlehren nach, da ein zu dünn geschnittenes Gewinde immerhin noch schließend durch die Lehre gehen kann, wenn der Steigungsfehler groß genug ist. Stimmen jedoch diese Durchmesser, und die Teile passen dann schließend zu den Lehren, so ist auch der Steigungsfehler innerhalb der zulässigen Grenzen. Ist in einzelnen Fällen ein weiteres genaues Nachprüfen erforderlich, so kommt für den Flankendurchmesser das Gewindemikrometer oder eine diesem entsprechende Rachenlehre in Betracht und für den Gewindewinkel die Gewindeschablone; doch fallen Abweichungen im Flankendurchmesser bei richtigem Außendurchmesser und auch Abweichungen im Gewindewinkel einem mit Gewinden vertrauten Revisor ohne weiteres auf.

Die Gewindekaliber müssen selbstverständlich mit einer genügenden Genauigkeit hergestellt sein und eine Gewindelänge von 1 bis $1\frac{1}{4} D$ haben. Die Genauigkeit läßt allerdings heute noch vielfach zu wünschen übrig, da Gewindelehren nicht, wie dies bei anderen Lehren üblich ist, nach dem Härten fertig bearbeitet, sondern nur geschmirgelt und poliert werden, und daher die durch das Härten entstandenen Fehler nicht beseitigt sind. Wenn es auch heute noch nicht üblich und nicht möglich ist, Gewindelehrbolzen und Gewindelehrringe nach dem Härten mittels Schmirgelscheiben nachzuschleifen, so beruht dies in der Hauptsache nur darauf, daß bis heute keine hierfür geeignete Schleifmaschinen gebaut werden. Das Schleifen an und für sich kann bei nicht allzu kleinen Durchmessern keine Schwierigkeiten bieten: es ist ähnlich wie das Fräsen von Gewinden. Ein geeigneter, gut gebundener, feinkörniger Schmirgelstein wird nach jedesmaligem Durchschleifen mittels Diamanten berichtigt, die entsprechend dem Gewindewinkel an der Schleifscheibe vorbeigeführt werden. Der Vorschub für die Steigung des Gewindes wird mittels eines Leitgewindes oder einer anderen Leiteinrichtung herbeigeführt.

Bei den Lehrmuttern wird der innere Durchmesser zweckmäßig gleich dem größten Kerndurchmesser für Bolzengewinde gemacht, bei Lehrbolzen der äußere Durchmesser gleich dem kleinsten Durchmesser für den Außendurchmesser von Muttergewinden. Diese Durchmesser und die Flanken können durch das Schleifen bei abgeflachten Gewinden, wie S.I.-Gewinden, mit vollständig genügender Genauigkeit ausgeführt werden; bei Whitworth-Gewinden macht die Abrundung nicht unwesentliche Schwierigkeiten. Der Gewindegrund dieser Lehrgewinde wird tiefer gehalten, da er nicht mit der nötigen Genauigkeit ausgeführt werden kann. Diese Durchmesser werden, wie bereits angegeben, zweckmäßig mittels Grenzlehren gemessen.

Zum Prüfen von Lehrbolzen selbst ist natürlich ein Messen der Flankendurchmesser, der Steigung, sowie des Außen- und des Kerndurchmessers und des Gewindewinkels erforderlich. Das Messen des Außendurchmessers ist ohne weiteres ausführbar, der Grund des Gewindes der Kerndurchmesser kann ebenfalls verhältnismäßig leicht festgestellt werden, jedoch muß bei Verwendung von Meßwerkzeugen mit gegenüberliegenden Schneiden das abgelesene Maß entsprechend der Schräglage der gemessenen Strecke umgerechnet werden. Für das Messen des Flankendurchmessers kann das Flankenmikrometer verwendet werden, und für die Steigung ist ein besonderes Meßgerät erforderlich. Ein Messer für Flankendurchmesser und Steigung ist schematisch in Abb. 29 dargestellt. Mittels der Mikrometerschraube a wird der Flankendurchmesser

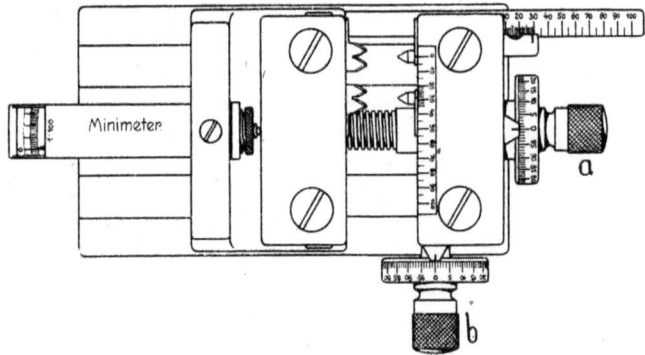

Abb. 29.

gemessen und mittels b die Steigung. Die Taster an dem von a betätigten Teil sind seitlich leicht verschiebbar angeordnet, so daß sie sich selbsttätig genau einstellen. Durch festes Einstellen der genauen Steigung mittels b sowie durch Festsetzen der gegenüberliegenden Taster und Einstellen des genauen Flankenmaßes läßt sich auch ein Gewinde auf Flankendurchmesser und Steigung gemeinschaftlich daraufhin prüfen, ob das Gewinde trotz etwaigen Steigungsfehlers noch in eine richtig geschnittene Mutter hineingeht. Das genaue Nachmessen des Gewindewinkels bietet große Schwierigkeiten, ist aber bei geschliffenen Gewinden überflüssig, da die für die Berichtigung der Schleifscheibe verwendeten Diamanten mit jeder gewünschten Genauigkeit geführt werden können. (Das Messen von Gewinden ist eingehend in den Aufsätzen von Dipl.-Ing. E. Simon, Werkstattstechnik 1913, behandelt.)

Herstellung der Lehren und Meßtemperatur.

Bei der Herstellung der Lehren muß unbedingt stets die gleiche Ausgangstemperatur zugrunde gelegt werden, denn Unterschiede von 20°, wie solche heute nicht nur in den verschiedenen Werken sondern teilweise sogar in einem und demselben Werke vorkommen, machen die Fabrikation von austauschbaren Teilen unmöglich. Bei 20° Temperaturunterschied ergibt sich für Stahl ein Maßunterschied von 0,023 mm auf 100 mm. Es muß unbedingt dafür gesorgt werden, daß die Lehren bei der normalen Meßtemperatur, das ist der Temperatur, die im Arbeitsraume herrscht und bei der die Arbeitsteile gemessen werden, also etwa 20° C, mit genügender Genauigkeit übereinstimmen. Ob die Lehren hierbei dem absoluten Maß entsprechen oder nicht, kommt erst in zweiter Linie in Betracht; es ist dies für die Praxis vollkommen belanglos und lediglich eine rein wissenschaftliche Frage. Innerhalb der in den Herstellungswerkstätten vorkommenden Temperaturschwankungen dehnen sich Arbeitstück und Lehre praktisch gleichmäßig, es muß jedoch dafür gesorgt werden, daß nicht der eine Teil durch irgend welche besonderen Einflüsse eine andere Temperatur hat als der andere. Für die Herstellung von Teilen, die bei anderen Temperaturen als bei der normalen Meßtemperatur zusammen arbeiten und verschiedene Ausdehnungszahlen oder beim Zusammenarbeiten verschiedene Temperaturen haben, muß dies von vornherein in den vom Konstrukteur angegebenen Maßen berücksichtigt werden, wie dies z. B. bei den auf S. 16 aufgeführten Kolben der Fall ist, die andere Temperaturen annehmen als die Zylinder, in denen sie arbeiten.

Die verschiedenen Ansichten über Maß und Temperatur sind in den Zeitschriften des Vereines deutscher Ingenieure 1917 von Dr. Plato und I. Reind und 1918 von P. Uhlich und Dr.-Ing. I. Kirner sowie in der Werkstattstechnik 1918 von F. Symanzik und H. Möring dargelegt; vielleicht darf ich auch noch ein paar Worte hinzufügen.

Gebrauchsmaß — Normalmaß.

Das Meter ist eine unveränderliche Größe, welche durch den Urmaßstab bei 0° C dargestellt ist. Mit dieser theoretischen Größe ist praktisch nichts anzufangen, denn in der Praxis ändern sich die Abmessungen eines Körpers je nach Stoff und Temperatur. Es sollte also ein Gebrauchsmaß mit einer ganz bestimmten Ausdehnungszahl (vielleicht 0,0000115), das bei 0° C mit dem Urmeter übereinstimmt, als Normalmaß eingeführt und die Länge dieses Maßes bei allen für das Messen in Betracht kommenden Temperaturen als richtig angesehen und international anerkannt werden. Sämtliche Maße und Meßwerkzeuge, die in ihrer Längenteilung mit diesem Normalmaß und hinsichtlich ihrer Ausdehnung mit dieser als »normal« angesehenen Ausdehnungszahl innerhalb ganz bestimmter Grenzen (etwa zwischen 0,000011 und 0,000012) übereinstimmen, wären eichbar und mit »normal« zu kennzeichnen. Diese Maße kann jede Industrie benutzen und hiernach auch ihre Lehren anfertigen. Maße und Lehren aus anderem Stoff oder mit anderen Ausdehnungszahlen können nur an Hand dieser Normalmaße für eine bestimmte Temperatur geeicht werden, und dies müßte durch den Vermerk »für ... °C« auf dem Meßwerkzeug angegeben werden.

Da sich für die Herstellung der Lehren eine absolute Genauigkeit ebenfalls nicht erzielen läßt, außerdem die Lehren auch der Abnutzung unterworfen sind, so sind sowohl für die Herstellungsmaße der Lehren, für ihre Abnutzung und auch für die Prüfscheiben Toleranzen festzulegen.

Für die Kontrollscheiben wird vielfach durchweg eine Genauigkeit von 0,002 mm genommen, doch ist es für Präzisionsarbeiten erforderlich, daß die Kontrollscheiben für kleinere Durchmesser, besonders unter 25 mm, mit einer größeren Genauigkeit hergestellt sind, dagegen kann bei größeren Durchmessern, von etwa 50 mm ab, besonders jedoch über 100 mm, die Genauigkeit etwas geringer sein. Es ist also ratsam, auch diese von der Passungskurve abhängig zu machen, und zwar gleich 10 vH der Paßeinheit.

Zulässige Abnutzung der Lehren.

Die Abnutzung der Gutseite der Lehren wird zweckmäßig so groß zugelassen, wie irgend möglich, um ein zu häufiges Nachrichten zu vermeiden. Am empfindlichsten sind die Passungen, die nahe der O-Linie liegen, während die weiter von der O-Linie entfernten Passungen größere Abweichungen vertragen. Es wird daher, um die größtmögliche Abnutzung voll auszunutzen, zweckmäßig, außer der Toleranz selbst, ihr Abstand von der O-Linie mit in Betracht gezogen und als Abnutzung 10 vH des Abstandes zuzüglich 5 vH der Toleranz (das sind zusammen 10 vH des mittleren Abstandes der Toleranz von der O-Linie) zugelassen, mindestens jedoch $^1/_{10}$ PE. Bei Schrumpf- oder Warmsitzen und anderen ähnlich zusammengesetzten Passungen zählt der Abstand von der Grenze, an der das Passungsmaß einsetzt, beim Warmsitz also von $+\frac{1}{1000}D$ an. Für die Ergänzungsbohrungen wird der Abstand von der oberen Grenze der Laufwelle, also von -1 PE gerechnet. Diese so erhaltenen Abnutzungswerte addieren sich zu der zugelassenen Ungenauigkeit der Kontrollscheiben, so daß also die gesamte Abnutzung im alleräußersten Fall betragen kann 1,0 vH Paßeinheit + und 10 vH mittleren Abstand.

Herstellungsgenauigkeit der Lehren.

Für die Herstellung der Lehren kann nach der der Abnutzung entgegengesetzten Seite sowohl für das Höchst- als auch Mindestmaß eine äußerste Abweichung von $\frac{2}{3}$ von der vorangegebenen Abnutzung, d. i. 10 vH von $\frac{2}{3}$ des mittleren Abstandes, angenommen werden, mindestens jedoch $\frac{1}{10}$ PE.

In dieser Weise wird erreicht, daß neue Rachenlehren etwas zu kleine und vollständig ausgenutzte Lehren etwas zu große Werte ergeben und die im Gebrauch befindlichen Lehren im Durchschnitt dem tatsächlichen Maß entsprechen. In einzelnen besonderen Fällen können auch Abnutzung und Herstellungsgenauigkeit besonders festgelegt werden.

Zeichnungen.

Außer der Festlegung der Passungen in den Zeichnungen ist es für Zeichnungen von Teilen, die in Massen hergestellt werden sollen, von großer Wichtigkeit, daß sie so klar und handlich wie nur irgend möglich sind. Die Hauptmerkmale sollen nachstehend noch kurz angegeben werden:

Auf jedem Zeichenblatt soll nur ein Teil dargestellt werden und, soweit die Deutlichkeit es gestattet, nur in einer Darstellung. Das Arbeitstück ist in der Lage darzustellen, in der die Hauptbearbeitung erfolgt, und die Maße sind so einzutragen, wie sie für die Herstellung des Teiles gebraucht werden, damit Meister und Arbeiter sich nicht mit dem Umrechnen aufhalten müssen und auch die Nachprüfung glatt arbeiten kann.

Es sind nicht mehr Maße, als unbedingt nötig, einzutragen; keinesfalls dürfen Modellmaße in einer Fabrikationszeichnung stehen; überhaupt soll keine Zeichnung mehr enthalten, als für die Fabrikation unbedingt erforderlich, dies aber in deutlichster Form.

Zusammengehörende Maße sind möglichst in einen und denselben Schnitt einzutragen. Keine Maße dürfen doppelt vorkommen, da sonst bei Aenderungen leicht das eine oder das andere Maß vergessen wird. Wenn die Uebersicht bei der Fabrikation dadurch wesentlich erleichtert wird, sind außer Modell und Halbfabrikationszeichnung noch Dreher-, Schlosser- und event. noch Schleiferzeichnungen herzustellen, von denen jede nur die Maße enthält, die für die betreffende Bearbeitung erforderlich sind.

Maße dürfen nicht beliebig gedankenlos hintereinander geschaltet werden, da sich dann die Ungenauigkeiten der Ausführung summieren. Wichtige Punkte müssen durch direkte Hauptmaße zueinander festgelegt und von diesen ausgehend müssen die Nebenmaße eingetragen werden. Tolerierte Maße dürfen keinesfalls addiert werden.

Mit Rotstift in den Blaupausen die Bearbeitung anzugeben, ist bei der Massenfabrikation unzulässig, die Zugabe für die Bearbeitung muß in dem Original durch feine strichpunktierte Linien festgelegt sein. Ueber die ausgegebenen Zeichnungen muß eine sorgfältige Buchung (Kartothek) geführt werden, damit bei Aenderungen oder Einziehungen keine vergessen werden. Wesentliche Aenderungen, durch die jedoch die Auswechselbarkeit nicht gelitten hat, werden durch Ausführungsnummern unterschieden; ist jedoch die Auswechselbarkeit des neuen Teiles mit dem älteren nicht mehr möglich, so erhält es eine neue Stücknummer.

Zusammenfassung.

Vorstehende Abhandlung über die Herstellung von austauschbaren Massenteilen zeigt die Entwicklung und die Vorteile des Aufbaues der Passungen mit Ausgang von der O-Linie, besonders für den Fall, daß die O-Linie als untere Begrenzung der Bohrung (normale Bohrung als Hauptsystem) angenommen wird. Es ist weiter gezeigt, in welcher Weise eine allgemeine Grundlage für die Passungen sämtlicher Industrien geschaffen werden kann, und es sind sämtliche für den Maschinenbau erforderlichen Passungen, einschließlich der Gewinde, auf dieser Grundlage entwickelt. Es sind die für die verschiedenen Maschinenarten erforderlichen verschiedenen Passungen derart in Abhängigkeit gebracht, daß auch untereinander die Auswechselbarkeit gewahrt ist, und Normalteile, die für den Feinmaschinenbau hergestellt sind, ohne weiteres für den Grobmaschinenbau verwendet werden können und im Notfall auch ein

Teil des Grobmaschinenbaues aushilfsweise in eine Feinmaschine gesteckt werden kann. Es ist auf die Vorteile der Eintragung der Passungen in direktem metrischem Maß sowie die unbedingte Notwendigkeit einer gewissen Zusammenarbeit zwischen Konstruktionsbureau und Werkstätte hingewiesen, und es sind einige wichtige Fingerzeige für die Ausführung von Zeichnungen für austauschbare Massenteile gegeben. Es ist angeregt, die Revisionslehren so zu gestalten, daß die damit gemessenen Teile dem Maß der Lehren möglichst nahekommen, und es sind Vorschläge gemacht, in welcher Weise dies erreicht werden kann.

Die gesamten Angaben sind auf Grund langjähriger praktischer Erfahrungen aufgebaut, die im Laufe von nahezu zwei Jahrzehnten im Gerätebau, in der Fabrikation von Feinwerkzeugen und Feinmaschinen sowie im Klein-, Mittel- und Großmaschinenbau und auch im Werkzeugmaschinenbau in engster Fühlung mit Konstruktionsbureau, Fabrikationsbureau und Werkstätte gesammelt sind.

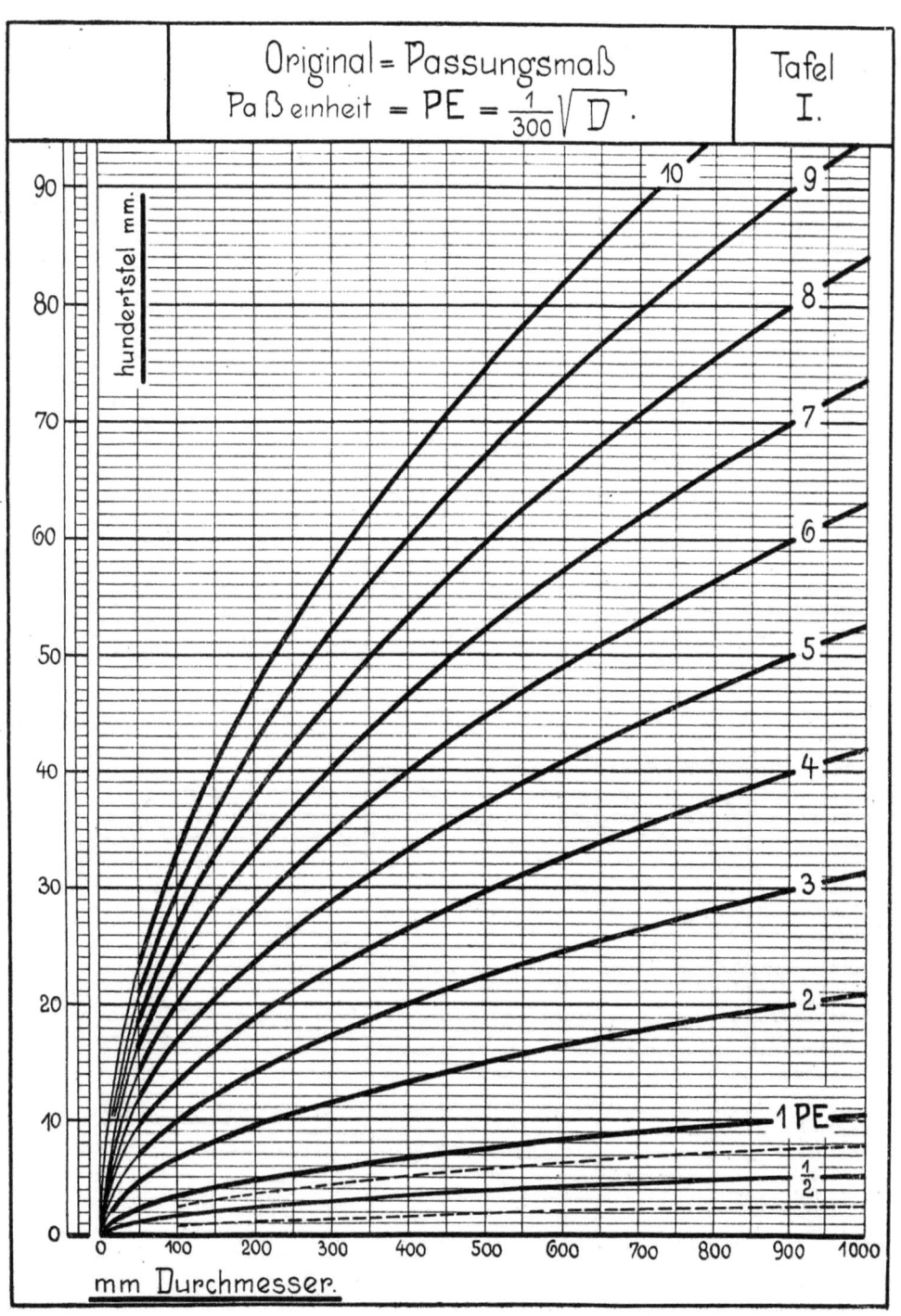

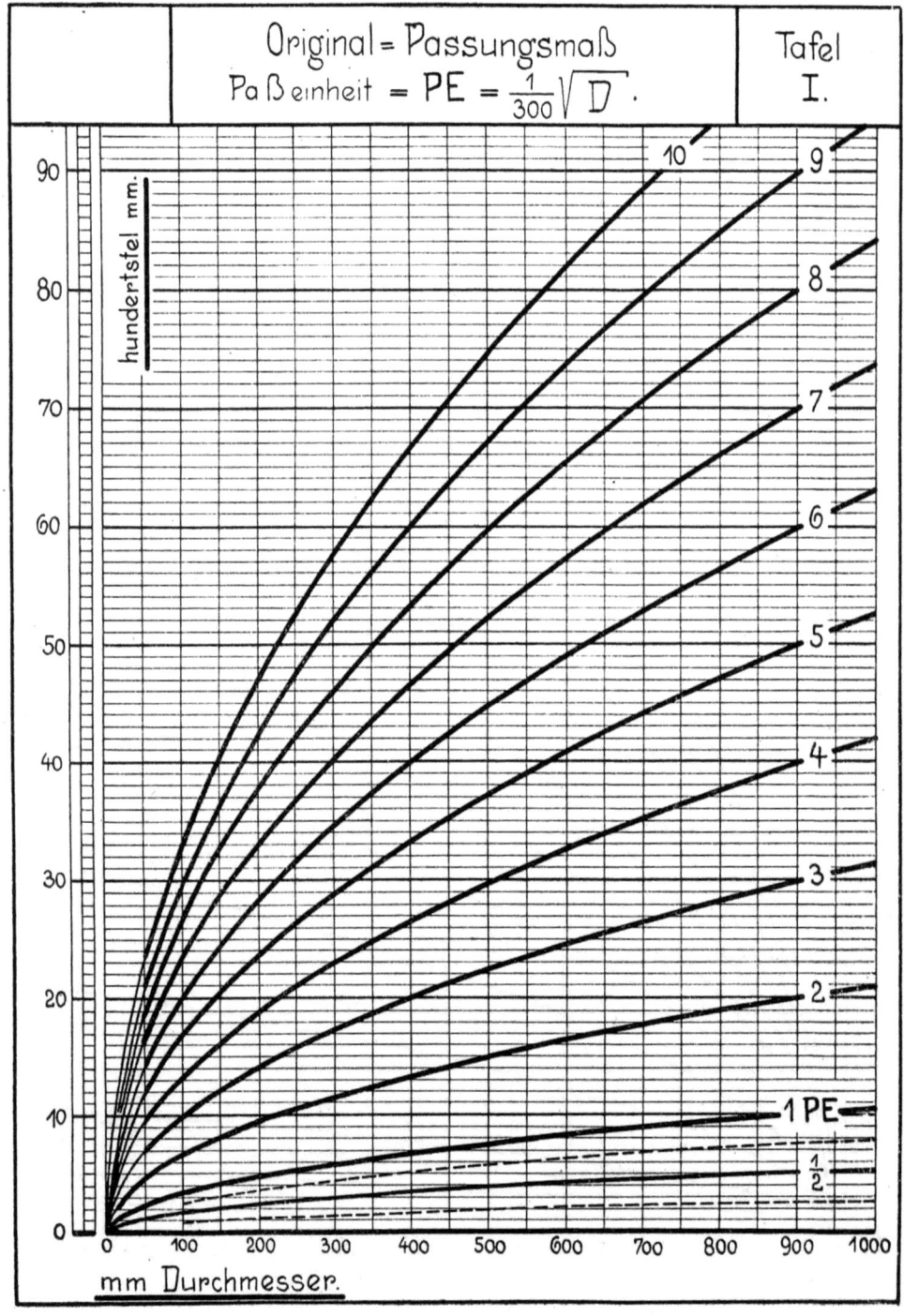

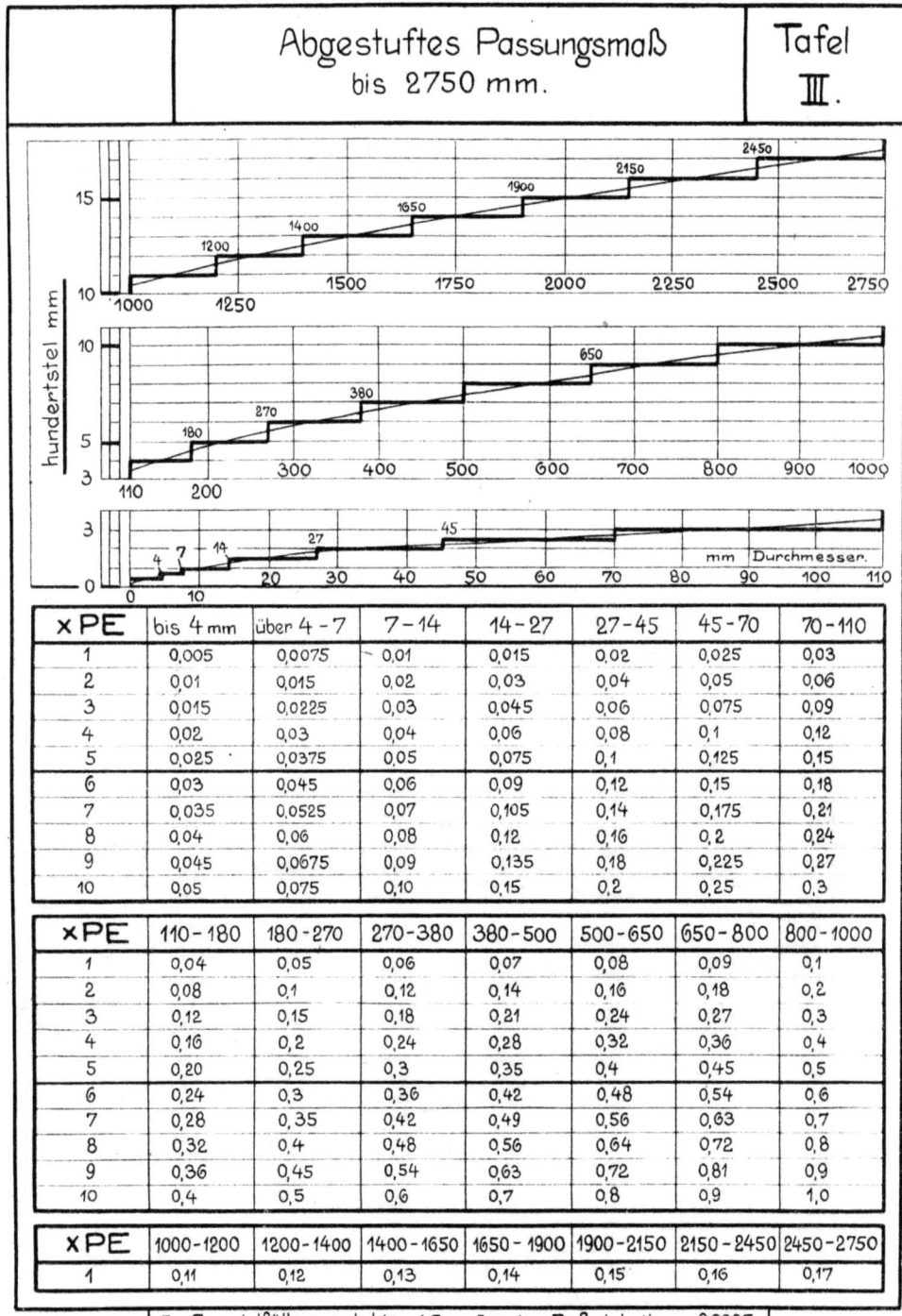

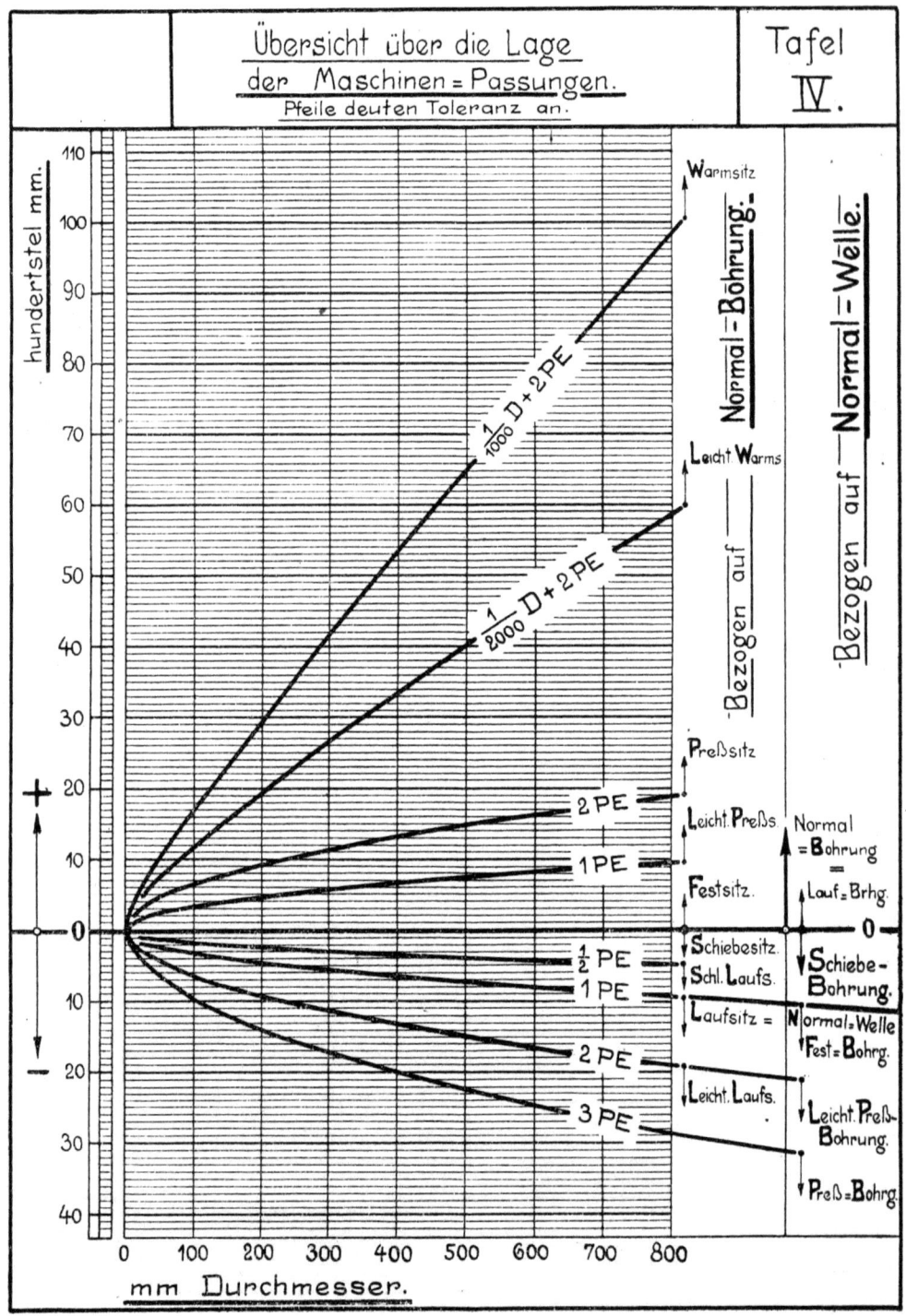

Sitzart für	Präzisionsmaschinen Passungsmaß	Industrie Zeichen	Feinmaschinen Passungsm.	Jndstr. Z.	Normalmaschinen Passungsm.	Jndstr. Z.	Grobmaschinen Passungsm.	Jndstr. Z.	Abhängigkeit
Preßsitz	$+2/\frac{3}{4}$	$P\frac{3}{4}$	$+2/1$	$P1$	$+2/1\frac{1}{2}$	$P1\frac{1}{2}$	$+2/2$	$P2$	Wellen = Passungen bezogen auf Normal = Bohrung.
Leicht. Preß	$+1/\frac{3}{4}$	$LP\frac{3}{4}$	$+1/1$	$LP1$	∥	∥	—	—	
Festsitz	$+0/\frac{1}{2}$	$F\frac{1}{2}$	$+0/\frac{3}{4}$	$F\frac{3}{4}$	$+0/1$	$F1$	$+0/1\frac{1}{2}$	$F1\frac{1}{2}$	
Schiebesitz	$-0/\frac{1}{2}$	$S\frac{1}{2}$	$-0/\frac{3}{4}$	$S\frac{3}{4}$	$-0/1$	$S1$	$-0/1\frac{1}{2}$	$S1\frac{1}{2}$	
Schließ Laufs	$-\frac{1}{2}/\frac{1}{2}$	$SL\frac{1}{2}$	$-\frac{1}{2}/\frac{3}{4}$	$SL\frac{3}{4}$	—	—	—	—	
Laufsitz	$-1/\frac{3}{4}$	$L\frac{3}{4}$	$-1/1$	$L1$	∥	∥	—	—	
Leicht. Laufs.	$-2/1$	$LL1$	$-2/1\frac{1}{2}$	$LL1\frac{1}{2}$	∥	∥	$-2/2$	$LL2$	
Norm. Bohrung	$+0/\frac{3}{4}$	$B\frac{3}{4}$	$+0/1$	$B1$	$+0/1\frac{1}{2}$	$B1\frac{1}{2}$	$+0/2$	$B2$	Bohrungs= Passungen bezogen auf Laufwelle
Schiebe-Bhrg	$-0/\frac{3}{4}$	$SB\frac{3}{4}$	$-0/1$	$SB1$	$-0/1\frac{1}{2}$	$SB1\frac{1}{2}$	—	—	
Fest = Bohrung.	$-1/\frac{3}{4}$	$FB\frac{3}{4}$	$-1/1$	$FB1$	$-1/1\frac{1}{2}$	$FB1\frac{1}{2}$	$-1/2$	$FB2$	
Leicht.Preß-Bhrg	$-2/\frac{3}{4}$	$LPB\frac{3}{4}$	—	—	—	—	—	—	
Preß = Bohrung.	$-3/\frac{3}{4}$	$PB\frac{3}{4}$	$-3/1$	$PB1$	$-3/1\frac{1}{2}$	$PB1\frac{1}{2}$	$-3/2$	$PB2$	
Warmsitz	$+\frac{1}{1000}D+2/1$	$W1$	∥	∥	$+\frac{1}{1000}D+2/1\frac{1}{2}$	$W1\frac{1}{2}$	$+\frac{1}{1000}D+2/2$	$W2$	Schrumpf.
Leicht. Warms.	$+\frac{1}{2000}D+2/1$	$LW1$	∥	∥	$+\frac{1}{2000}D+2/1\frac{1}{2}$	$LW1\frac{1}{2}$	$+\frac{1}{2000}D+2/2$	$LW2$	
Vorgearb. Warms	$W+0,2+2/1\frac{1}{2}+0,15$	VW	∥	∥	∥	∥	∥	∥	Welle Vorarbeitung.
Vorgearb. feste Sitze	$P+0,2+2/1\frac{1}{2}+0,15$	VP	∥	∥	∥	∥	∥	∥	
Vorgearb.bewegl.Sitze	$+0,2+2/1\frac{1}{2}+0,15$	VS	∥	∥	∥	∥	∥	∥	
Vorgearb. Bhrg	$-0,1+2/1\frac{1}{2}-0,1$	VB	∥	∥	∥	∥	∥	∥	Bohrung Vorarbeitung.
Vorgearb.Preß-Bhrg	$PB-0,1+2/1\frac{1}{2}-0,1$	VPB	∥	∥	∥	∥	∥	∥	
Rohbearb. Welle	$-0/4-0,1$	RW	∥	∥	∥	∥	∥	∥	Rohe Bearbtg.
Rohbearb. Bhrg.	$+0/4+0,1$	RB	∥	∥	∥	∥	∥	∥	
Gewalztes Matl.	$+0/50$	WM	∥	∥	∥	∥	∥	∥	Stangen= Material.
Blankgezog. Mat.	$-0/5$	ZM	∥	∥	∥	∥	∥	∥	

Übersichts=Tafel der Maschinenpassungen, (bezogen auf 0 Linie, in Passungsmaß u. Industrie=Zchn). — Tafel V.

Vorgearbeitete feste und vorgearb. bewegliche Sitze bis 25 mm Dmr gleich, ebenfalls Schrumpfsitze bis 25 mm

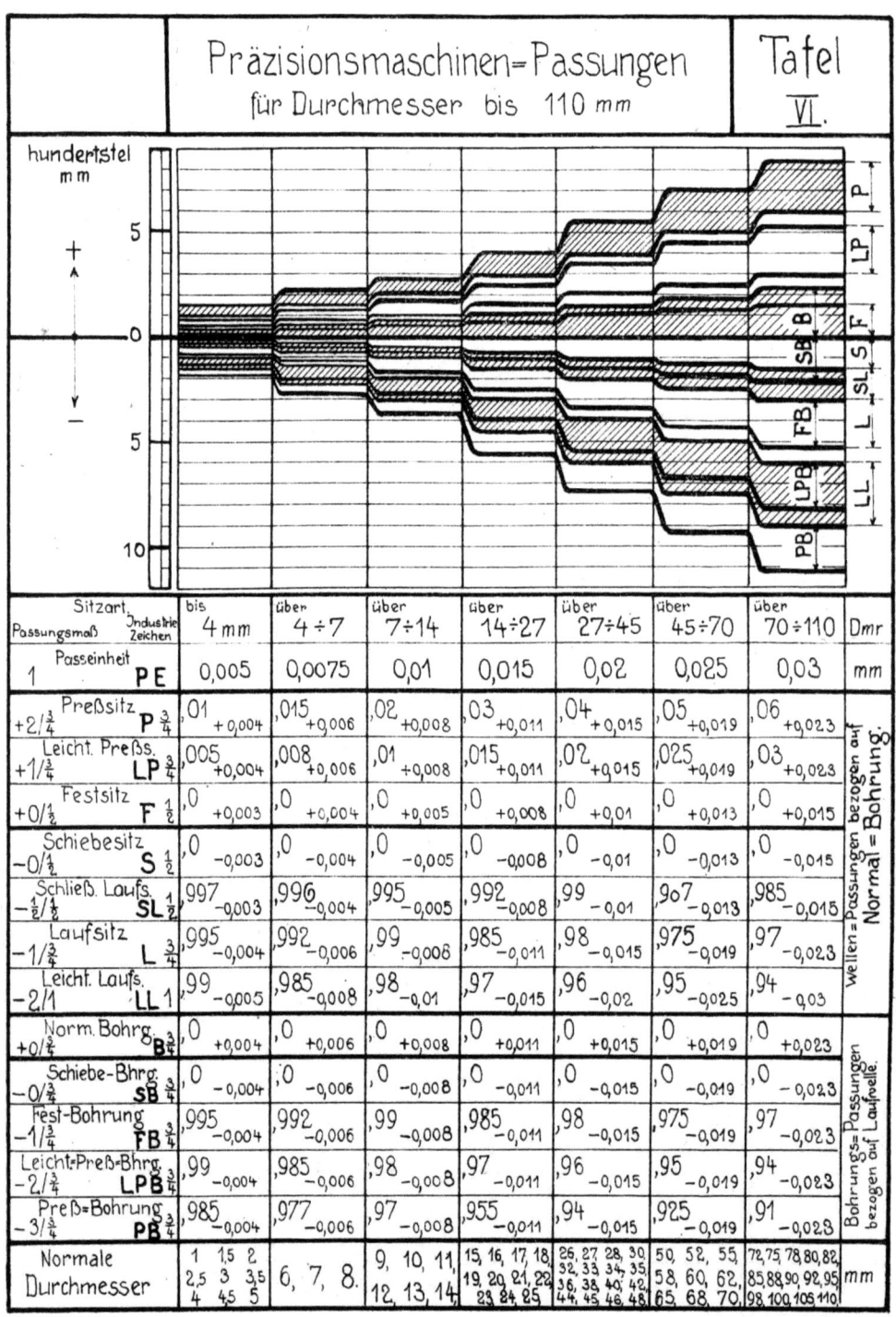

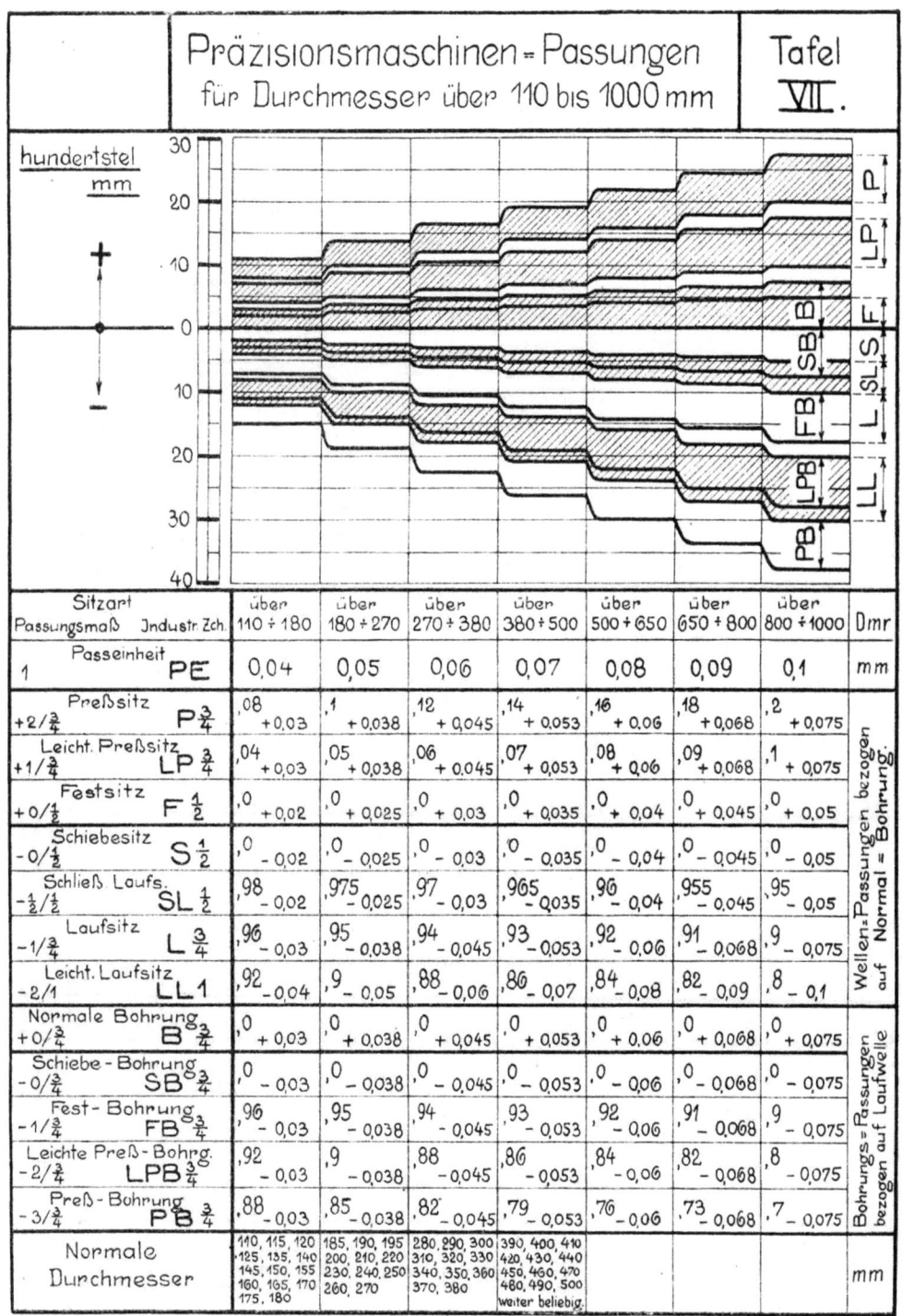

Präzisionsmaschinen-Passungen für Durchmesser über 110 bis 1000 mm — Tafel VII.

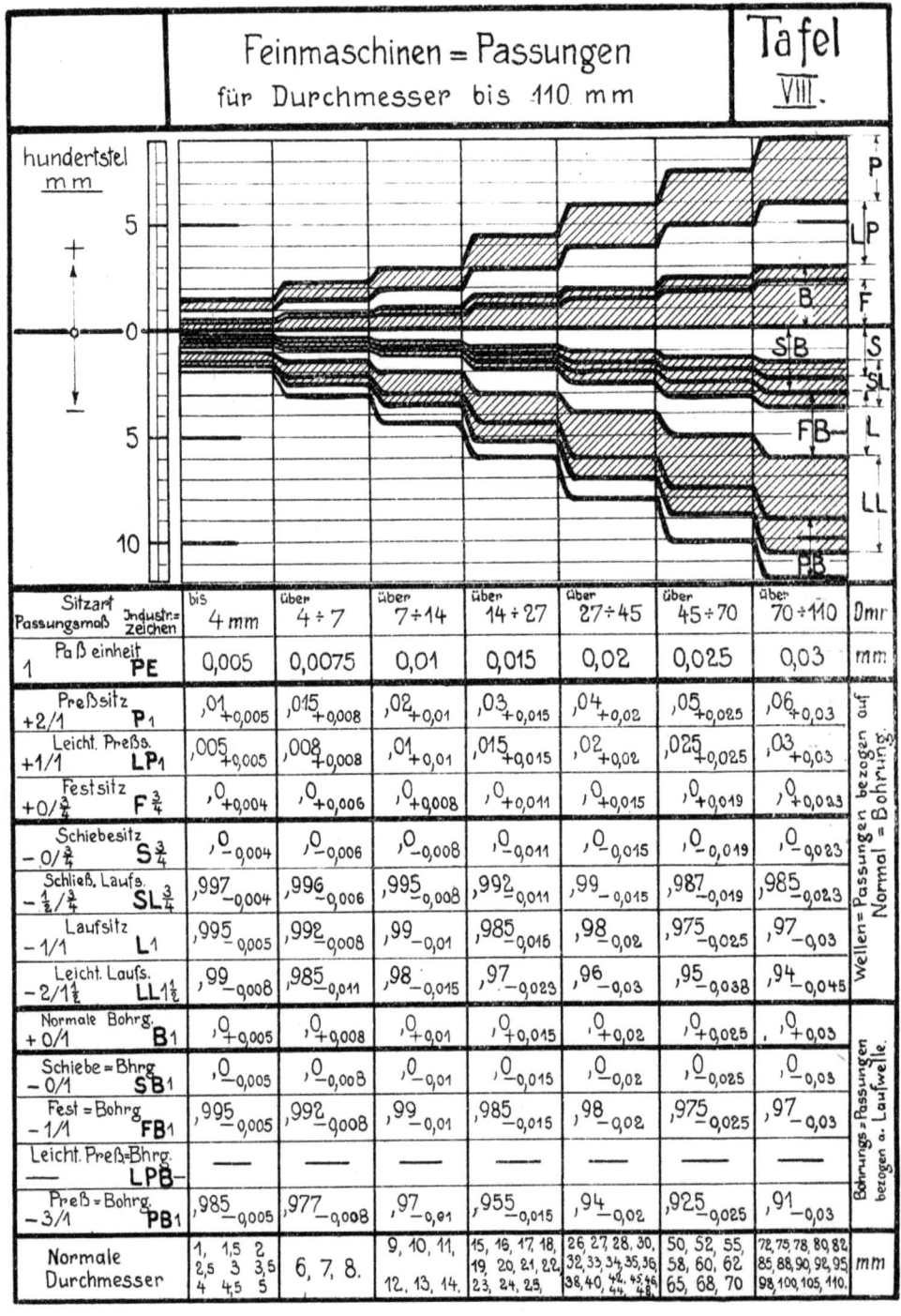

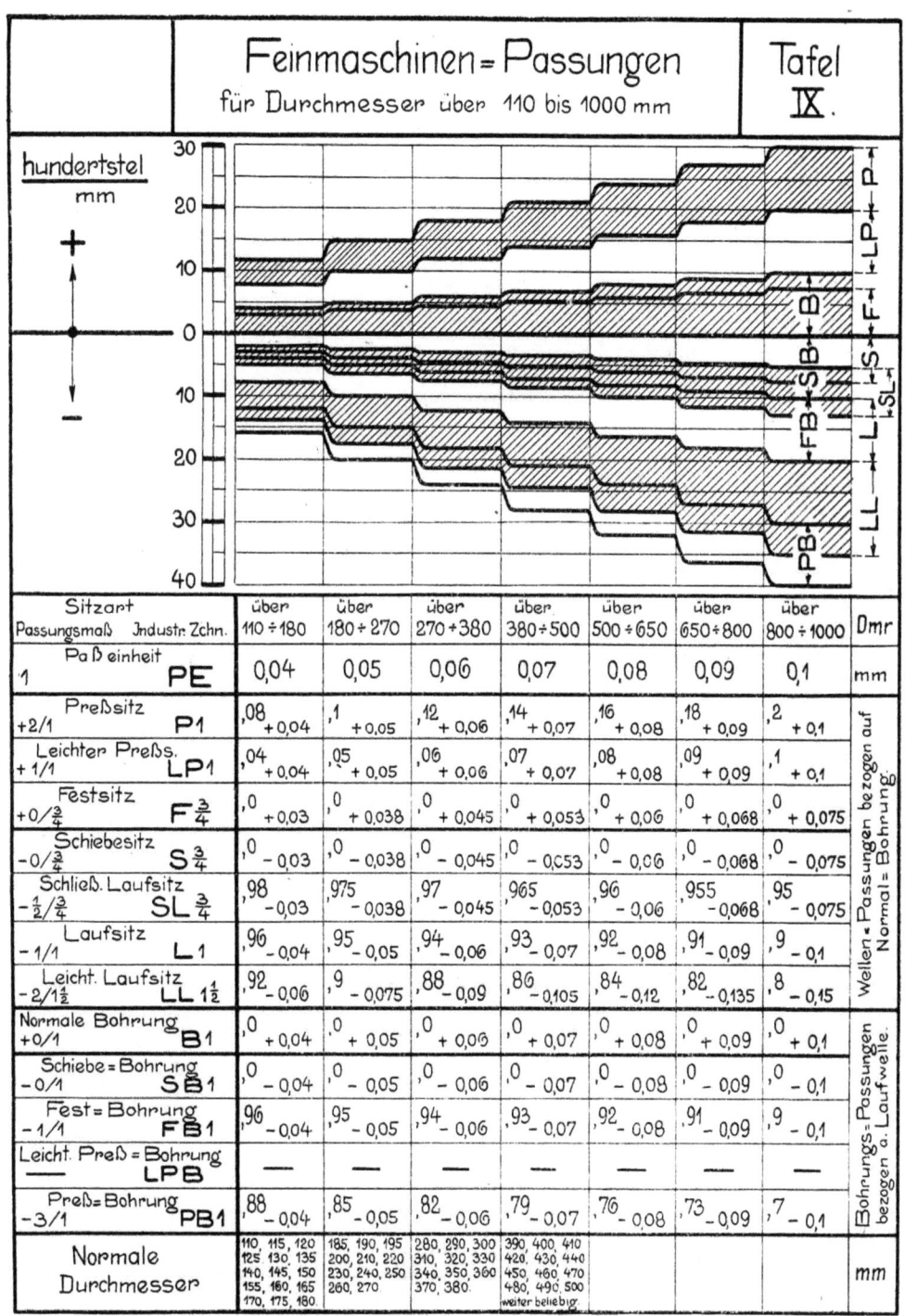

Feinmaschinen-Passungen für Durchmesser über 110 bis 1000 mm — Tafel IX

Sitzart / Passungsmaß / Industr. Zchn.	über 110÷180	über 180÷270	über 270÷380	über 380÷500	über 500÷650	über 650÷800	über 800÷1000	Dmr
Paßeinheit 1 PE	0,04	0,05	0,06	0,07	0,08	0,09	0,1	mm
Preßsitz +2/1 P1	,08 +0,04	,1 +0,05	,12 +0,06	,14 +0,07	,16 +0,08	,18 +0,09	,2 +0,1	Wellen-Passungen bezogen auf Normal-Bohrung
Leichter Preßs. +1/1 LP1	,04 +0,04	,05 +0,05	,06 +0,06	,07 +0,07	,08 +0,08	,09 +0,09	,1 +0,1	
Festsitz +0/¾ F¾	,0 +0,03	,0 +0,038	,0 +0,045	,0 +0,053	,0 +0,06	,0 +0,068	,0 +0,075	
Schiebesitz −0/¾ S¾	,0 −0,03	,0 −0,038	,0 −0,045	,0 −0,053	,0 −0,06	,0 −0,068	,0 −0,075	
Schließ. Laufsitz −½/¾ SL¾	,98 −0,03	,975 −0,038	,97 −0,045	,965 −0,053	,96 −0,06	,955 −0,068	,95 −0,075	
Laufsitz −1/1 L1	,96 −0,04	,95 −0,05	,94 −0,06	,93 −0,07	,92 −0,08	,91 −0,09	,9 −0,1	
Leicht. Laufsitz −2/1½ LL1½	,92 −0,06	,9 −0,075	,88 −0,09	,86 −0,105	,84 −0,12	,82 −0,135	,8 −0,15	
Normale Bohrung +0/1 B1	,0 +0,04	,0 +0,05	,0 +0,06	,0 +0,07	,0 +0,08	,0 +0,09	,0 +0,1	Bohrungs-Passungen bezogen a. Laufwelle
Schiebe-Bohrung −0/1 SB1	,0 −0,04	,0 −0,05	,0 −0,06	,0 −0,07	,0 −0,08	,0 −0,09	,0 −0,1	
Fest-Bohrung −1/1 FB1	,96 −0,04	,95 −0,05	,94 −0,06	,93 −0,07	,92 −0,08	,91 −0,09	,9 −0,1	
Leicht. Preß-Bohrung LPB	—	—	—	—	—	—	—	
Preß-Bohrung −3/1 PB1	,88 −0,04	,85 −0,05	,82 −0,06	,79 −0,07	,76 −0,08	,73 −0,09	,7 −0,1	
Normale Durchmesser	110, 115, 120, 125, 130, 135, 140, 145, 150, 155, 160, 165, 170, 175, 180	185, 190, 195, 200, 210, 220, 230, 240, 250, 260, 270	280, 290, 300, 310, 320, 330, 340, 350, 360, 370, 380	390, 400, 410, 420, 430, 440, 450, 460, 470, 480, 490, 500 weiter beliebig				mm

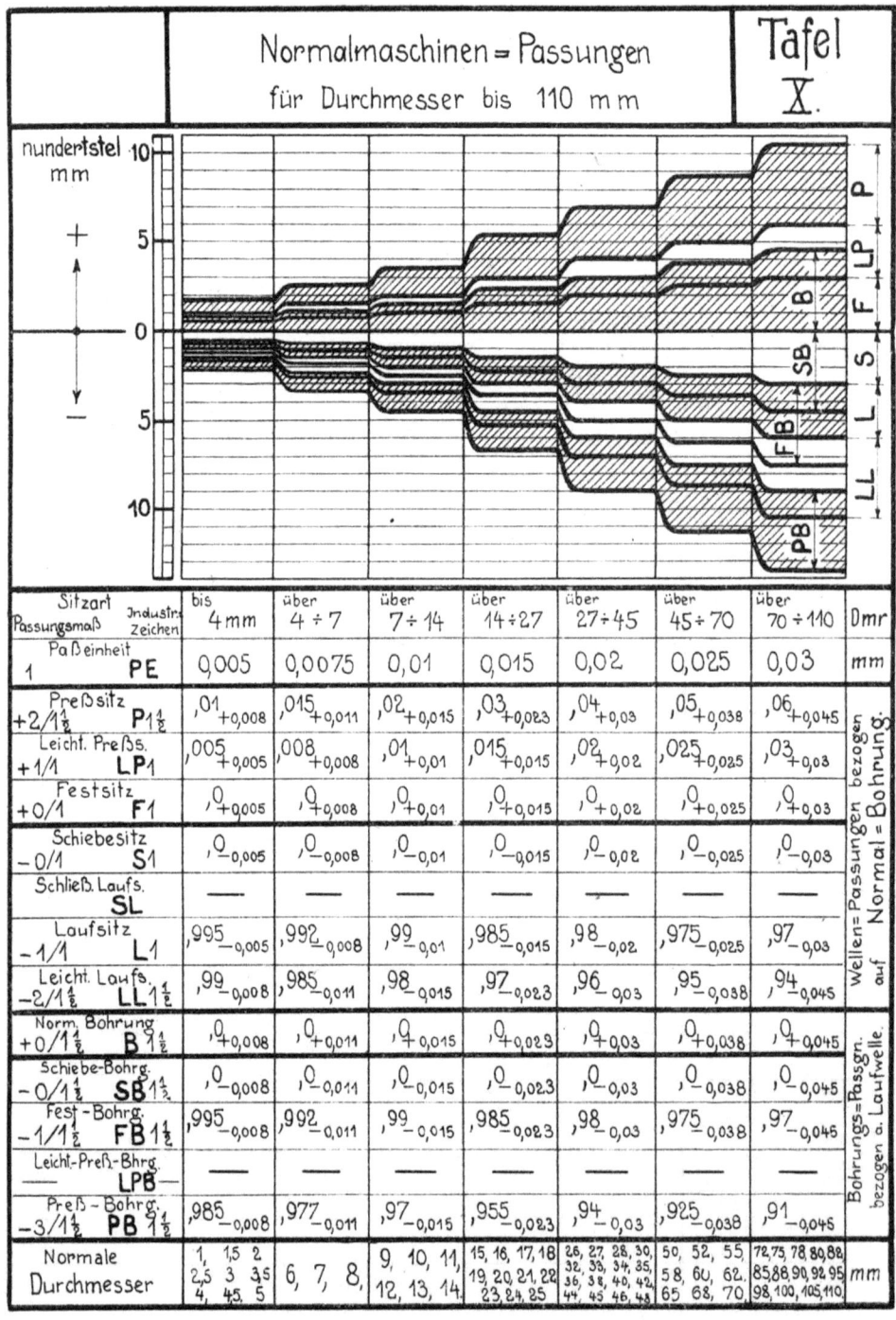

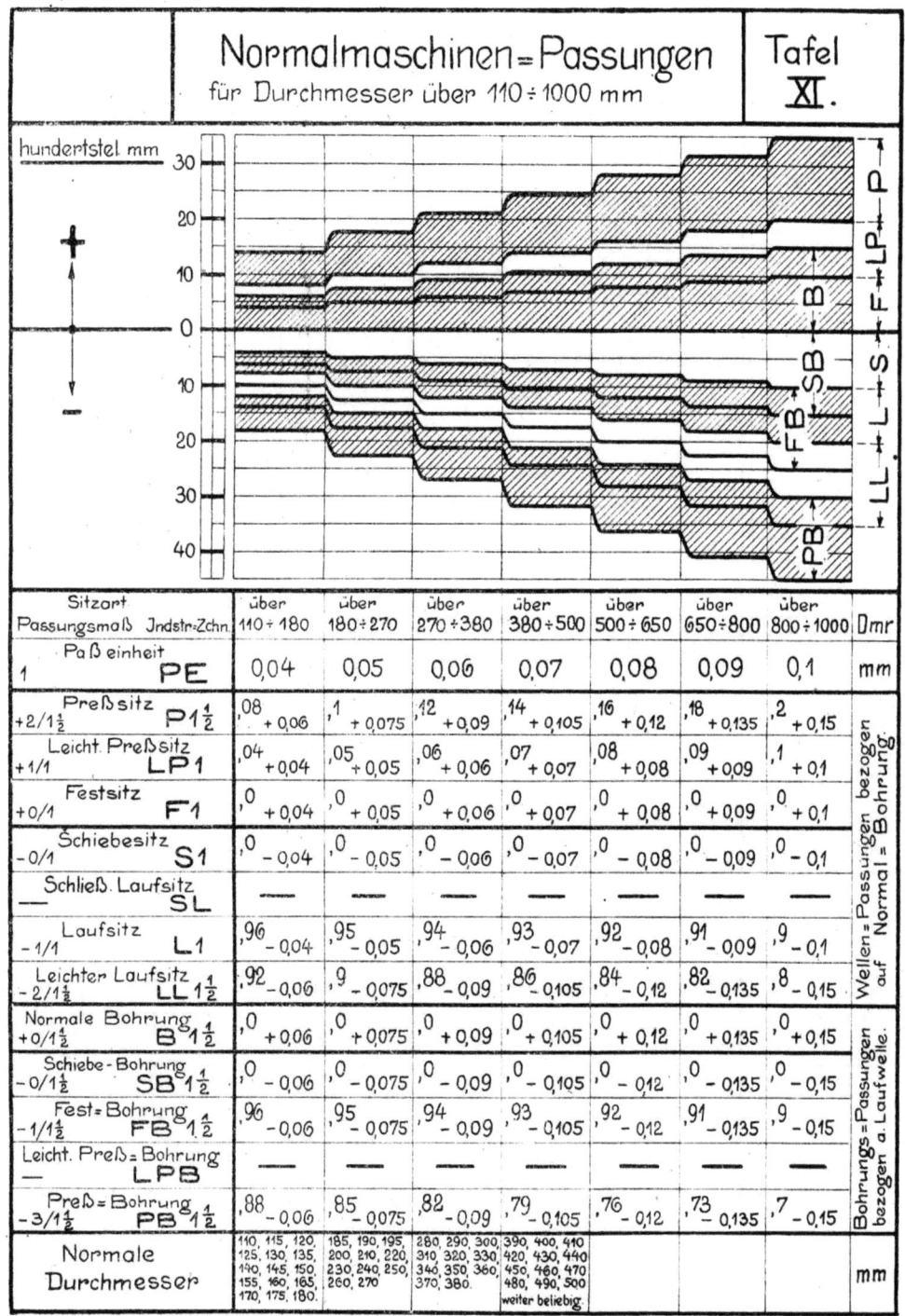

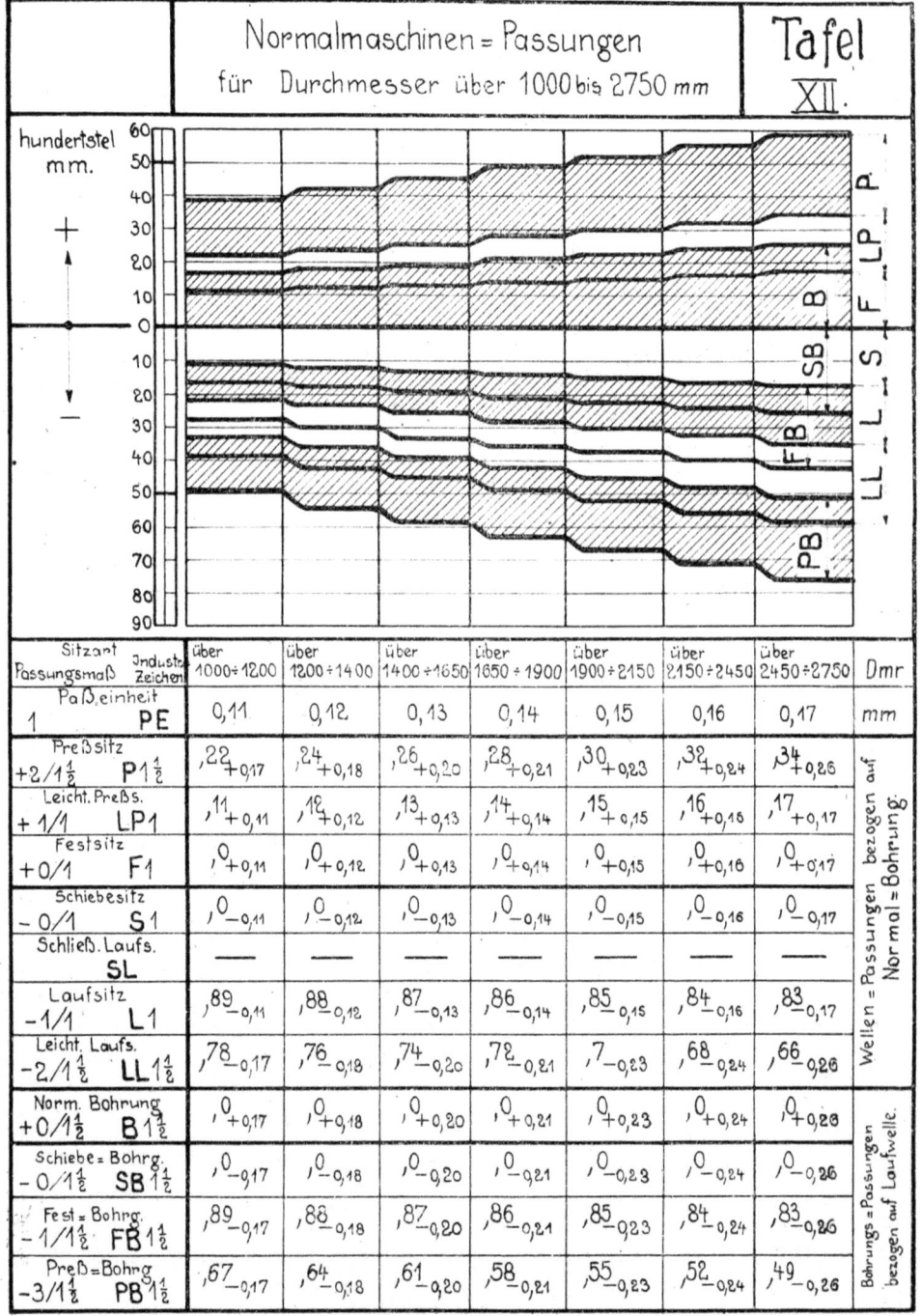

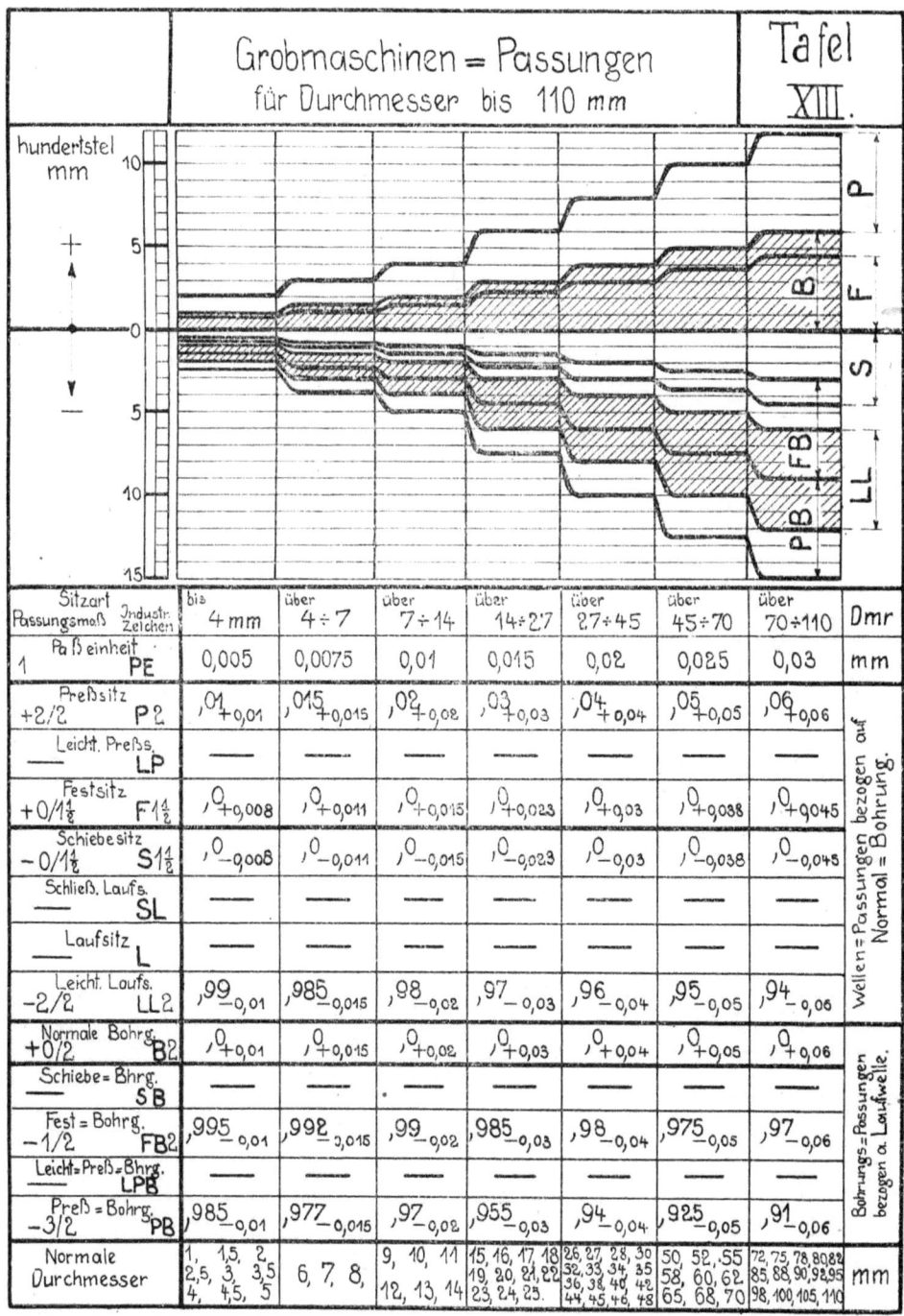

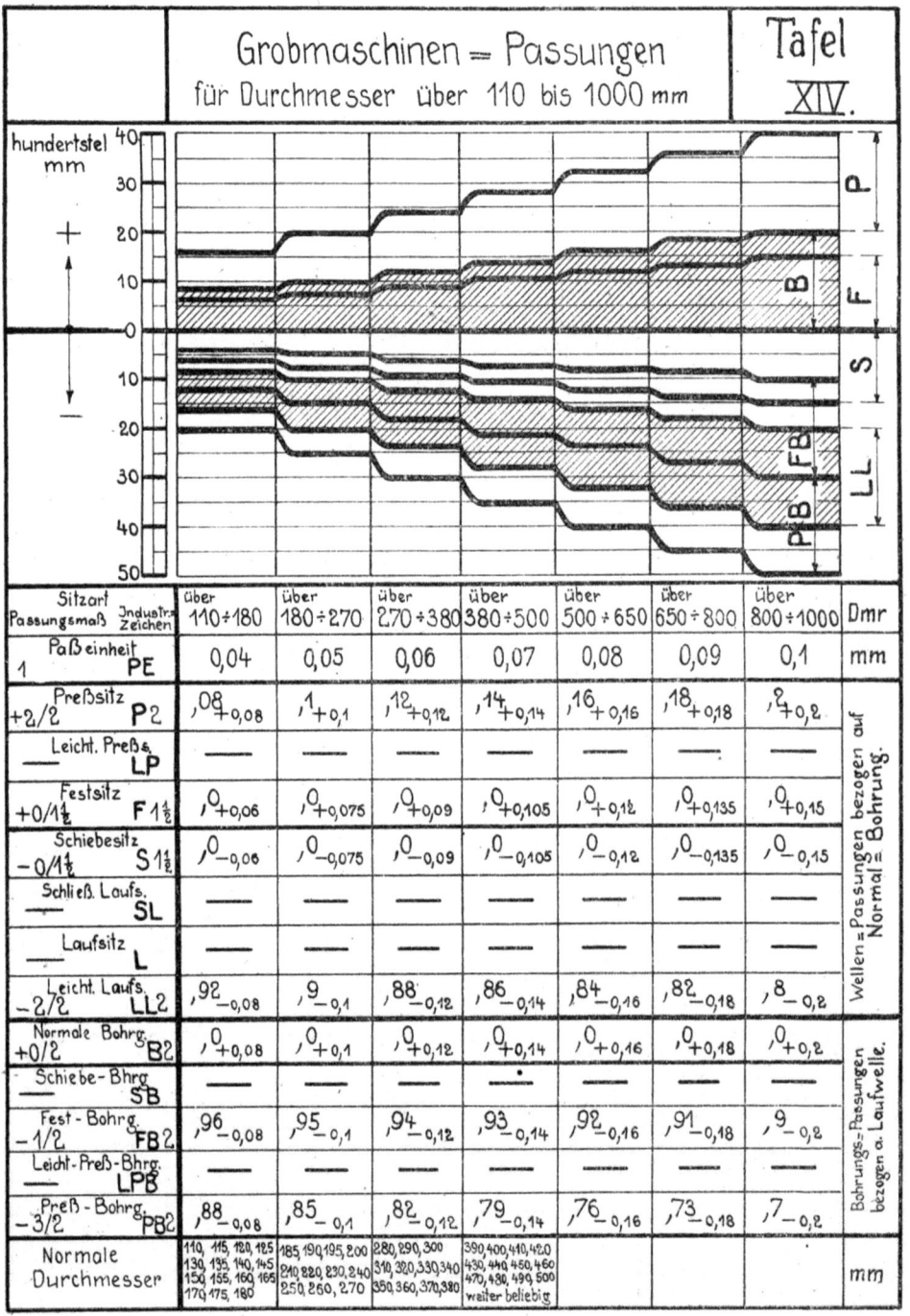

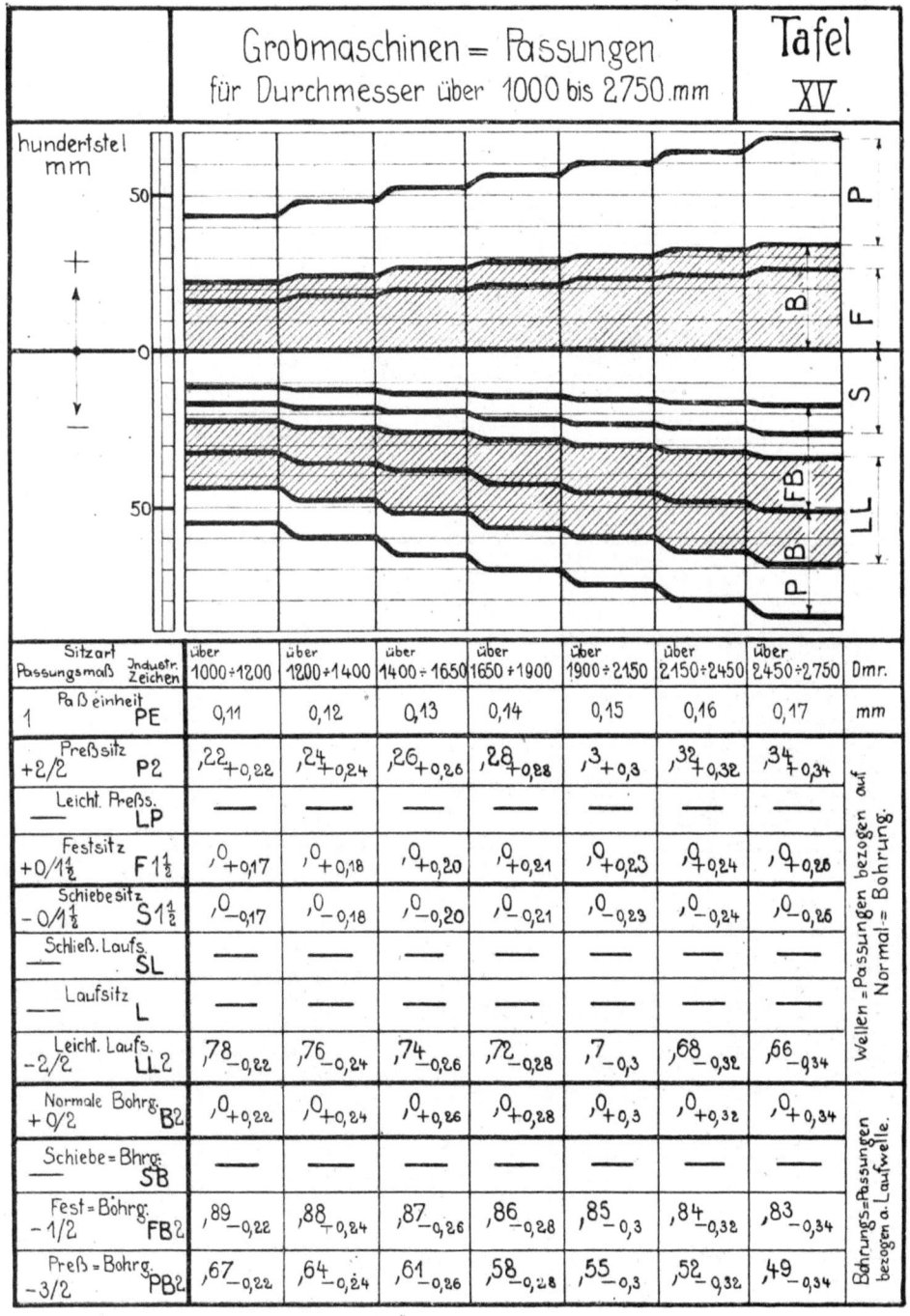

Sitzart Passungsmaß	Industr. Zeichen	über 1000÷1200	über 1200÷1400	über 1400÷1650	über 1650÷1900	über 1900÷2150	über 2150÷2450	über 2450÷2750	Dmr.
Paßeinheit 1	PE	0,11	0,12	0,13	0,14	0,15	0,16	0,17	mm
Preßsitz +2/2	P2	,22 +0,22	,24 +0,24	,26 +0,26	,28 +0,28	,3 +0,3	,32 +0,32	,34 +0,34	Wellen=Passungen bezogen auf Normal=Bohrung.
Leicht. Preßs. —	LP	—	—	—	—	—	—	—	
Festsitz +0/1½	F1½	,0 +0,17	,0 +0,18	,0 +0,20	,0 +0,21	,0 +0,23	,0 +0,24	,0 +0,25	
Schiebesitz −0/1½	S1½	,0 −0,17	,0 −0,18	,0 −0,20	,0 −0,21	,0 −0,23	,0 −0,24	,0 −0,25	
Schließ. Laufs. —	SL	—	—	—	—	—	—	—	
Laufsitz —	L	—	—	—	—	—	—	—	
Leicht. Laufs. −2/2	LL2	,78 −0,22	,76 −0,24	,74 −0,26	,72 −0,28	,7 −0,3	,68 −0,32	,66 −0,34	
Normale Bohrg. +0/2	B2	,0 +0,22	,0 +0,24	,0 +0,26	,0 +0,28	,0 +0,3	,0 +0,32	,0 +0,34	Bohrungs=Passungen bezogen a. Laufwelle.
Schiebe=Bhrg. —	SB	—	—	—	—	—	—	—	
Fest=Bohrg. −1/2	FB2	,89 −0,22	,88 −0,24	,87 −0,26	,86 −0,28	,85 −0,3	,84 −0,32	,83 −0,34	
Preß=Bohrg. −3/2	PB2	,67 −0,22	,64 −0,24	,61 −0,26	,58 −0,28	,55 −0,3	,52 −0,32	,49 −0,34	

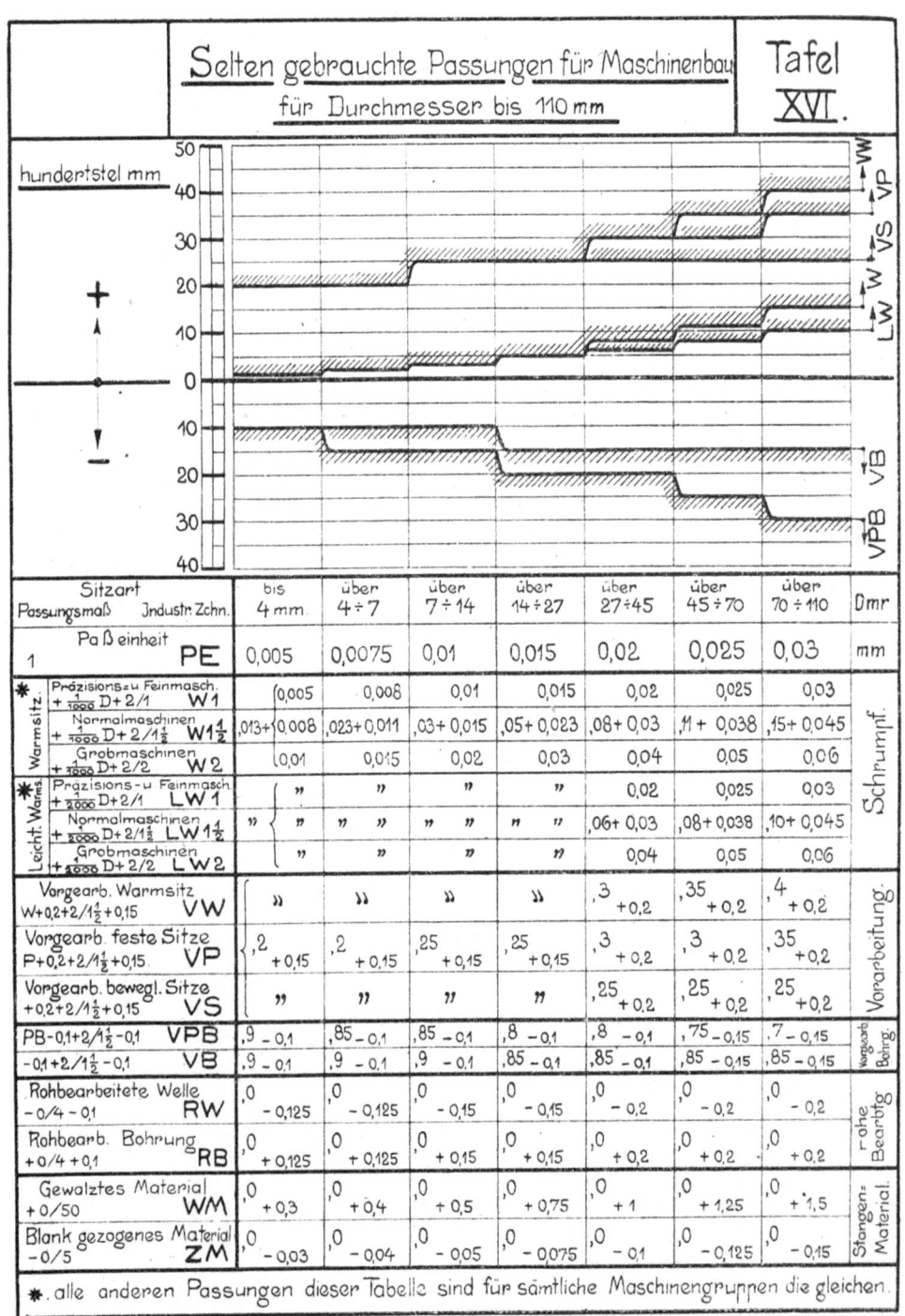

Tafel XVI. Selten gebrauchte Passungen für Maschinenbau für Durchmesser bis 110 mm

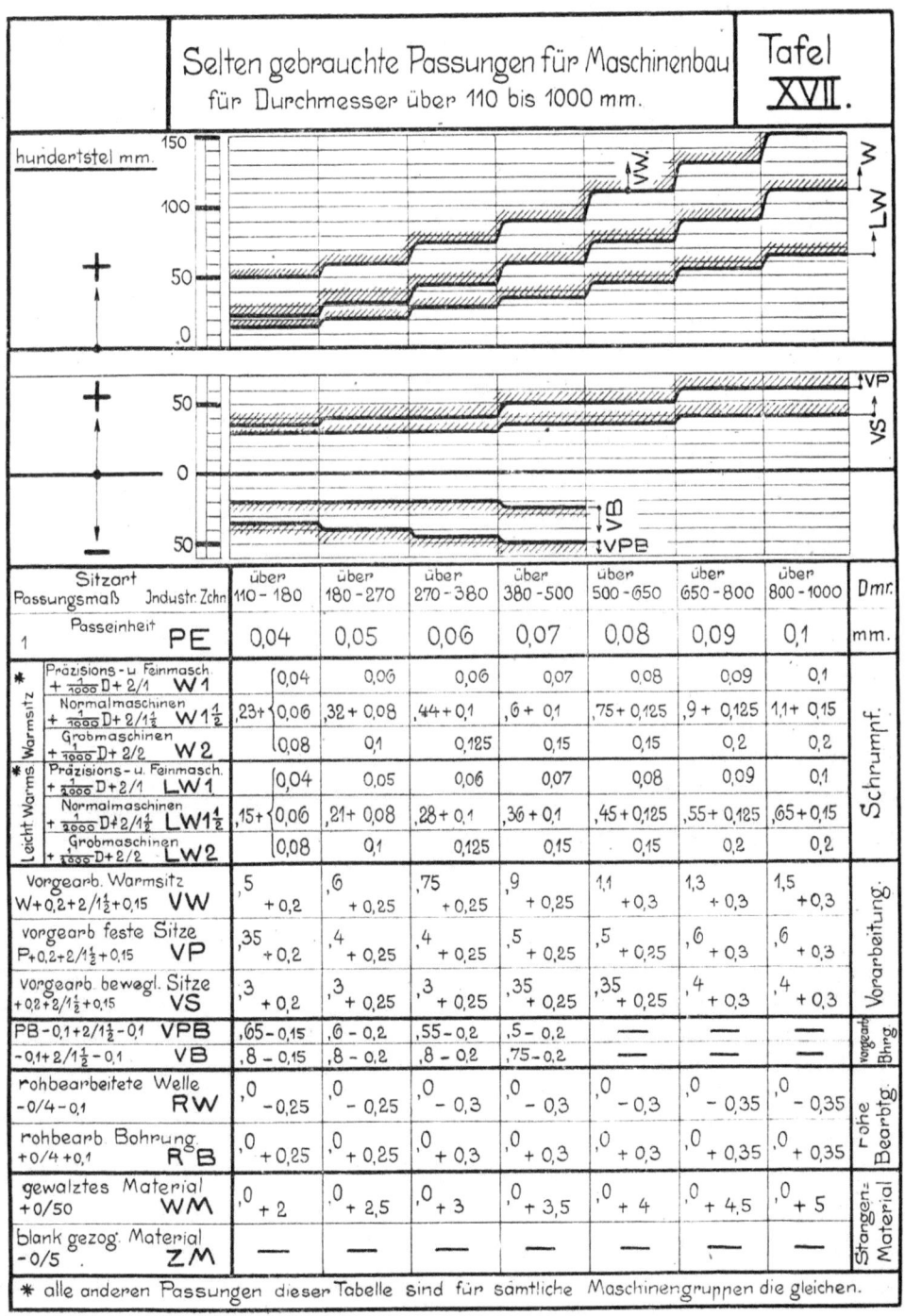

Tafel XVII. Selten gebrauchte Passungen für Maschinenbau für Durchmesser über 110 bis 1000 mm.

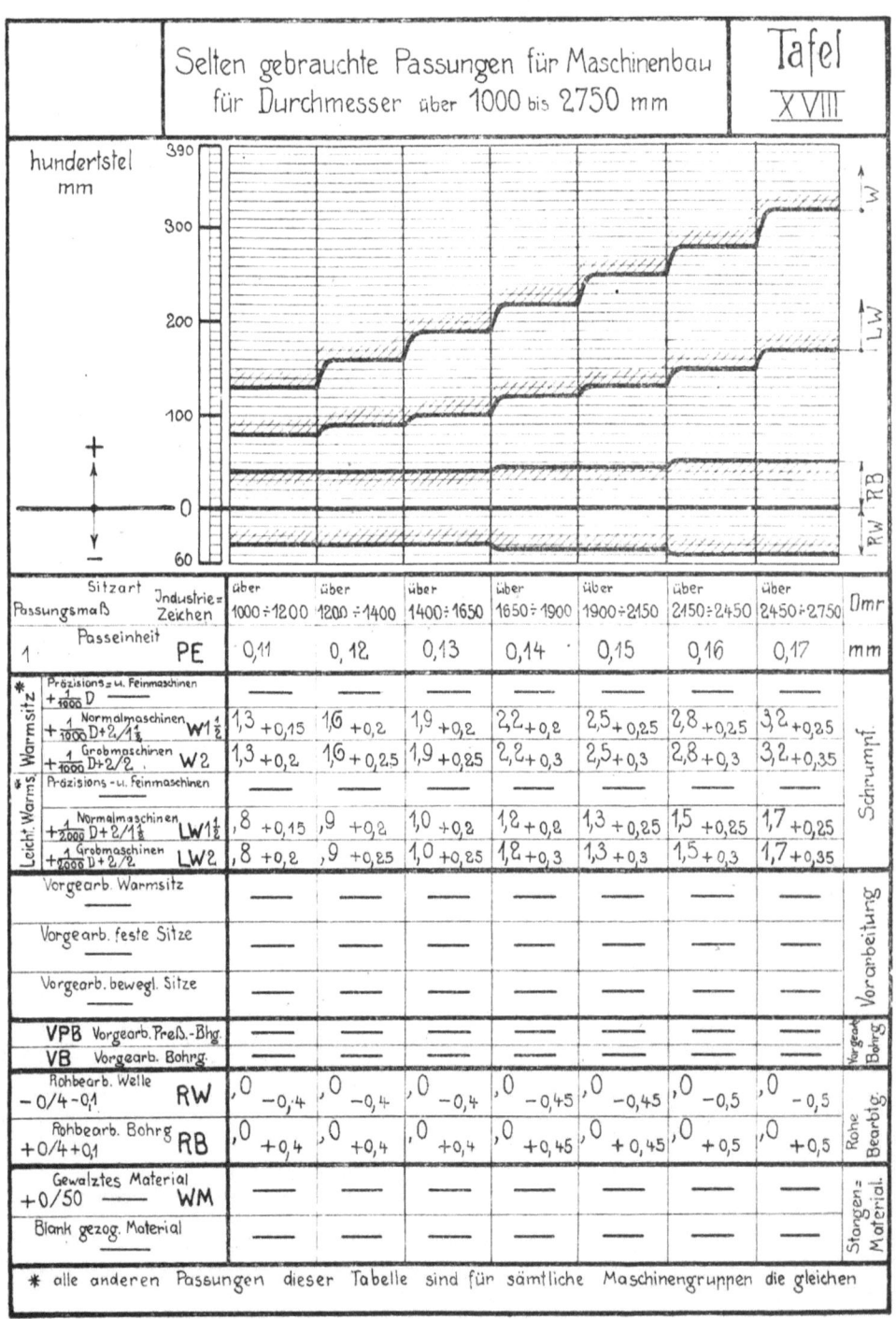

Sonderabdrucke

aus der Zeitschrift des Vereines deutscher Ingenieure,

die in folgende Fachgebiete eingeordnet sind

1. Bagger.
2. Bergbau (einschl. Förderung und Wasserhaltung).
3. Brücken- und Eisenbau (einschl. Behälter).
4. Dampfkessel (einschl. Feuerungen, Schornsteine, Vorwärmer, Überhitzer).
5. Dampfmaschinen (einschl. Abwärmekraftmaschinen, Lokomobilen).
6. Dampfturbinen.
7. Eisenbahnbetriebsmittel.
8. Eisenbahnen (einschl. Elektrische Bahnen).
9. Eisenhüttenwesen (einschl. Gießerei).
10. Elektrische Krafterzeugung und -verteilung.
11. Elektrotechnik (Theorie, Motoren usw.).
12. Fabrikanlagen und Werkstatteinrichtungen.
13. Faserstoffindustrie.
14. Gebläse (einschl. Kompressoren, Ventilatoren).
15. Gesundheitsingenieurwesen (Heizung, Lüftung, Beleuchtung, Wasserversorgung und Abwässerung).
16. Hebezeuge (einschl. Aufzüge).
17. Kondensations- und Kühlanlagen.
18. Kraftwagen und Kraftboote.
19. Lager- und Ladevorrichtungen (einschl. Bagger).
20. Luftschiffahrt.
21. Maschinenteile.
22. Materialkunde.
23. Mechanik.
24. Metall- und Holzbearbeitung (Werkzeugmaschinen).
25. Pumpen (einschl. Feuerspritzen und Strahlapparate).
26. Schiffs- und Seewesen.
27. Verbrennungskraftmaschinen (einschl. Generatoren).
28. Wasserkraftmaschinen.
29. Wasserbau (einschl. Eisbrecher).
30. Meßgeräte.

Einzelbestellungen auf diese Sonderabdrucke werden nur **gegen Voreinsendung** des in der Zeitschrift als Fußnote zur Überschrift des Aufsatzes bekannt gegebenen Betrages ausgeführt.

Vorausbestellungen auf sämtliche Sonderabdrucke der vom Besteller ausgewählten Fachgebiete können in der Weise geschehen, daß ein Betrag von etwa 5 bis 10 M eingesandt wird, bis zu dessen Erschöpfung die in Frage kommenden Aufsätze regelmäßig geliefert werden.

Zeitschriftenschau.

Vierteljahrsausgabe der in der Zeitschrift des Vereines deutscher Ingenieure erschienenen Veröffentlichungen 1898 bis 1910.

Preis bei portofreier Lieferung für den Jahrgang

3,— ℳ für Mitglieder.   10,— ℳ für Nichtmitglieder.

Seit Anfang 1911 werden von der Zeitschriftenschau der einzelnen Hefte einseitig bedruckte gummierte Abzüge angefertigt.

Der Jahrgang kostet

2,— ℳ für Mitglieder.   4,— ℳ für Nichtmitglieder.

Portozuschlag für Lieferung nach dem Ausland 50 Pfg für den Jahrgang. Bestellungen, die nur gegen vorherige Einsendung des Betrages ausgeführt werden, sind an die **Redaktion der Zeitschrift des Vereines deutscher Ingenieure, Berlin NW., Sommerstraße 4a** zu richten.

MIX
Papier aus verantwortungsvollen Quellen
Paper from responsible sources
FSC® C105338

If you have any concerns about our products,
you can contact us on
ProductSafety@springernature.com

In case Publisher is established outside the EU,
the EU authorized representative is:
**Springer Nature Customer Service Center GmbH
Europaplatz 3, 69115 Heidelberg, Germany**

Printed by Libri Plureos GmbH
in Hamburg, Germany